天下文化

BELIEVE IN READING

關鍵影響力

金牌企業成功學

CONTENTS

序　**從企業經營汲取生命智慧**／鄭文燦 004

楔子　**孕育優質企業的好地方** 006

01 驅動產業創新

第一堂課：學專業　**美科科技**

植物加工油寫下綠色奇蹟 012

第二堂課：學突破　**羅鐵機械**

打造商標機械王國 024

第三堂課：學務實　**饗賓餐旅**

老牌川菜館華麗轉身 036

第四堂課：學任事　**桃園市政府經濟發展局**

產業好幫手 推動桃園經濟向前行 048

02 實踐創新創業

第五堂課：學團隊　**怡仁綜合醫院**

化劣勢為特色 老醫院新呈現 062

第六堂課：學變革　**協順工業**

翻轉電鍍業 打造新工藝 074

第七堂課：學挑戰　**紫莉月子經紀**

江西姑娘異鄉打拚 掌握孕護商機 086

03 創建幸福企業

第八堂課：學留才 **技嘉科技**

經營得當 員工就幸福 …… 100

第九堂課：學同理 **杏一醫療用品**

小護士寫下創業傳奇 …… 112

第十堂課：學承諾 **台益豐**

守護員工安全絕不妥協 …… 124

04 邁向隱形冠軍

第十一堂課：學細節 **台灣華傑**

匠心追求 一鍵入魂 …… 138

第十二堂課：學放下 **華夏航科**

擺脫包袱 以專業為師 …… 150

第十三堂課：學當責 **源友企業**

溫柔力量撐起咖啡王國 …… 162

05 打造綠色奇蹟

第十四堂課：學堅持 **清淨海生技**

許地球一片清淨的海洋 …… 176

第十五堂課：學合作 **綠電再生**

在城市礦山創造循環經濟奇蹟 …… 188

第十六堂課：學尊重 **歐萊德**

以大自然為師 邁向永續 …… 200

第十七堂課：學貫徹 **台積電先進封測三廠**

推行綠色管理 內化為企業 DNA …… 214

從企業經營汲取生命智慧

桃園市市長／鄭文燦

一場新冠肺炎（COVID-19）席捲全球，為人們的生活、國家的經濟帶來極大衝擊，許多企業及商家都面臨營運上的挑戰，甚至陷入營運中斷的困擾。

這場突如其來的疫情，重擊企業營運，更考驗著企業韌性。美國研究機構、世界資源研究所（World Resources Institute）永續商業中心全球總監凱文・摩斯（Kevin Moss）就歸納出這波疫情為企業領袖帶來的三大啟示：

1.企業應該改變商業模式，加速從線性經濟轉化到循環經濟；
2.強化ESG中的S（社會層面）作為，協助弱勢族群；
3.積極投資供應鏈，建立更具韌性的價值鏈生態系，才能抵抗突如其來的巨變。

事實上，疫情期間，我也走訪多家在地企業與商家，發現雖然各自受到程度不一的疫情衝擊，但是經營者們依舊抱持正面迎戰的心情，投入創新研發、人才培育工作，做好基本功，等待危機消除、景氣反轉的那一刻，能夠蹲低跳高，再創經營高峰。而這場災難雖然是對企業經營能力的終極考驗，但若能站穩腳步，就可以隨時因應環境變動，並且安然度過、不受影響。

桃園，是台灣工業科技大城、產業重鎮，五百大製造業中有超過三分之一在此設廠。為了鼓勵企業嶄露頭角，分享其成功經營的獨特心法，桃園市政府舉辦了十二屆「桃園市績優企業卓越獎」，遴選出各領域中的佼佼者，彼此激盪、互相學習，汲取他人優勢，轉化自身成長目標。

2019年，「績優企業獎卓越獎」更升級成首屆「桃園市金牌企業卓越獎」，依照產業經營特色分成：智多星獎、愛地球獎、好福企獎、隱形冠軍獎、新人王獎等五種類型，針對企業年資、競爭力、營運管理績效與特色等面向進行評選，藉此肯定在地優良企業長期深耕桃園的精神，鼓勵依此為基礎搶攻國際市場，擦亮台灣品牌，強化產業優勢與競爭力的經營模式。

本書的出版，正是集結了十六家得獎企業背後的成功故事與經營心法，每個故事就像是一堂課，帶領讀者看見企業在面臨國內外變化多端的經濟與產業情勢時，如何發揮創新研發實力、投入環保與循環經濟領域、開發新產品及新市場，以及為員工打造優質工作環境的初衷與理念。

過程中，無論成功或失敗，都有值得讀者借鏡的珍貴經驗，而企業經營者淬煉多年而成的生命智慧，只要細細品味，也可以內化成自身成長的養分，支撐我們在面對生活困境時，能夠以更好的姿態、更堅毅的勇氣去應對。

未來，市府團隊也要跟這些得獎企業看齊，讓政府與民間形成共同願景，攜手將台灣產業推向世界舞台，以桃園為中心，接軌世界，開創產業新未來。

孕育優質企業的好地方

因為擁有台灣最大的國際機場，桃園素來被稱為「國門之都」。外國人來到台灣、台灣人返回家鄉，很高比例都是降落在桃園。不過，桃園之所以無法錯過，不只因為機場，更因為這是一個值得細細探索、內蘊豐富的城市。

雖然沒有台北的首善光芒、新北市的豐富資源、台中的豪氣萬千、台南的優雅古意、高雄的霸氣外顯，但猶如《三國演義》中的桃園集結劉關張，六都中的桃園也聚集了各路豪傑，成就了千種產業。

傳統與科技產業並陳，創新與創業人物在此勇敢冒險。從數字來看，桃園擁有32個報編工業區、11處工商綜合區，產業聚落多樣且完整，工業產值將近新台幣三兆元，占全國營收17.4%，遙遙領先國內其他縣市，穩坐全台第一大工業科技城。

不僅工業產值龐大，桃園的電子製造、電力設備製造、汽車製造、藥品及醫用化學製造、產業用機械設備等業別，營業收入也居全國之冠，是撐起桃園及台灣產業經濟的重要支柱。

優勢條件，傲視群雄

桃園之所以能吸引各種產業駐地發展且表現搶眼，關鍵來自本身的多重優勢。根據中央地質調查所的資料顯示，桃園沒有活動斷層，自發性地震相對較少，是台灣地震最少的縣市。從當年九二一地震造成台灣晶圓代工廠停工，導致全球半導體及資通訊產業斷鏈，即可窺知一個地區的地震次數及規模，對產業發展有多麼重大的影響。

此外，台灣位於東亞中心，是產業進入亞洲市場的必經之地，商務人士可以桃園為據點，快速往來東京、首爾、新加坡等亞洲主要城市，平均飛行時間不過兩小時五十五分鐘，下了飛機後只需短短車程，即可拜訪桃園大小企業，高效整合國內外資金、技術、人才及管理，促成產業快速發展。

政府的努力也是桃園躍進的一大推手，近年來，桃園地方政府與中央攜手推動亞洲·矽谷計畫、前瞻基礎建設計畫、桃園航空城計畫、智慧物流等重大建設，在發展高科技產業的同時，也驅使產業升級轉型，這些都是促使企業選擇桃園的吸引力。

尤其桃園市政府積極推動基礎建設的完善，為企業建構了更健全發展的環境。譬如機場捷運、桃園捷運、水域整治、鐵路地下化等，提供豐富資源及優厚條件，以一條龍式的工商行政服務，吸引許多企業投資。

國內外企業投資首選地

台灣是一個以出口為導向的海島經濟體，對外貿易在經濟成長的過程中扮演著重要角色，因此國際政經情勢變化，深深影響我國景氣與產業發展。近年來中美及日韓貿易戰方興未艾，面對詭譎的國際情勢，台商回流潮湧現，桃園市政府使出渾身解數，協助台商解決土地、資金、法令申請等問題，盡早完成從申請證照到廠房落地等流程。

根據經濟部截至2020年2月6日統計，共有170家企業響應回台投資行動方案，其中34家選擇落腳桃園，投資金額高達新台幣1,687億元，冠於全台。

不只台商落腳桃園意願高，外商也非常看好桃園。近年包括瑞健集團（SHL Group）、美超微（Super Micro）、達德能源（wpd）、宜家家居（IKEA）、法商家樂福（Carrefour）、台灣美光（Micron）等超過三十家大型外資企業，紛紛選擇在桃園設廠或建立據點，總投資金額達新台幣兩千五百億元，創造了一萬五千個就業機會。

為何選擇投資桃園？醫療器材廠商瑞健集團台灣區總經理Martin Turvill曾經分享：「桃園具雙港優勢（桃園機場、台北港），地震、颱風較少侵襲，而且物流產業健全，所以選擇在此設廠。」瑞健集團目前在桃園有九個廠，就業人數超過四千三百人，是該公司全球最大的分支點。

美超微電腦副總裁王榮德則說：「桃園擁有IT產業最完整的產業鏈、供應鏈，加上桃園是國家大門，區域內擁有豐富的大學資源，因此創辦人梁見後先生選擇在桃園設廠，生產伺服器系統，運用在地人才，研發軟硬體結合的解決方案，供銷全球。」

○── 以創新為養分，打造桃園經濟生態系

正因擁有各項優勢條件，桃園在地也孕育出許多優質企業，市政府透過舉辦評選活動，鼓勵企業深耕經營。

譬如2019年獲頒「桃園市金牌企業卓越獎」的企業，就展現出在地企業欣欣向榮的盛況。這項選拔分為「智多星」、「愛地球」、「好福企」、「隱形冠」及「新人王」五大類型，是市政府為表揚轄內績優企業設立的獎項。

而本書透過得獎企業的成長歷程與故事，揭露他們如何在面對國際競爭、產業轉型、大環境瞬息萬變的壓力下，憑藉著對產業情勢的掌握、洞悉市場的精闢眼光、創新研發的堅強實力及善用周遭的優質環境，在國際舞台上站穩腳步。這些經驗無論成功或失敗，都是十分珍貴的實戰課程，值得想創業、正在創業，或者在職場打拚的你我學習，即使應用在個人生涯成長，也十分受用。

一座城市的經濟和產業要持續發展，源源注入創新活水是必要的，在產業投入及政府帶動下，桃園已經逐步創建出以研發為本的創新創業生態系，驅使經濟成長，帶領城市在充滿希望的道路上，昂首前行。

大園區

美科科技 桃園市大園區工三路 4 號
饗賓餐旅 桃園市大園區五青路 150 巷 12 號
華夏航科 桃園市大園區航勤南路 6 號

蘆竹區

紫莉月子經紀
桃園市蘆竹區中正北路 1131 巷 13 號

中壢區

台灣華傑
桃園市中壢區吉林路 25-2 號 6 樓

龜山區

羅鐵機械
桃園市龜山區頂湖三街 9 號
杏一醫療用品
桃園市龜山區復興一路 94 號

大園區
蘆竹區
觀音區
龜山區
桃園區
新屋區
中壢區
八德區
楊梅區
平鎮區
大溪區
龍潭區
復興區

大溪區

台益豐
桃園市大溪區信義路 502 號

楊梅區

怡仁綜合醫院
桃園市楊梅區楊新北路 321 巷 30 號
綠電再生
桃園市楊梅區泰圳路 313 巷 128 號

平鎮區

協順工業
桃園市平鎮區工業一路 19 號
技嘉科技
桃園市平鎮區南平路 215 號
源友企業
桃園市平鎮區工業五路 8 號
清淨海生技
桃園市平鎮區關爺東路 43 號

龍潭區

歐萊德
桃園市龍潭區中豐路高平段 18 號
台積電先進封測三廠
桃園市龍潭區龍園六路 101 號

01 以技術實力開闢新市場

驅動產業創新

企業要永續經營，產業要轉型發展，
創新，都是不可或缺的關鍵要素。
他們長期致力於技術創新，
避開廝殺中的紅海，開創新藍海，
整合資源或產業鏈，
是驅動產業創新的中堅力量。

- 美科科技
- 羅鐵機械
- 饗賓餐旅
- 桃園市政府經濟發展局

第一堂課：學專業

美科科技

植物加工油寫下綠色奇蹟

文／沈勤譽　攝影／賴永祥

MCM
High Precision
Specialty Lubricants

如果創業的起跑點上有兩條路，
一條人多但不難走，另一條人少又不知終點何在，你會怎麼選？
多數人選擇前者，
美科科技卻選了一條孤單但對公司、客戶、地球都有益的路；
儘管一開始不被看好，但美科科技很快打入國際市場，
證明自己不只做得到，更能成為亞洲第一。

金屬加工油在各種金屬切削加工的過程中，扮演冷卻、潤滑、清洗、防鏽等功能，應用範圍廣泛，生活中常用的手機、電腦、汽車、家電、五金用品，製造過程都需使用；然而，早期金屬加工油清一色都是歐美品牌，不僅價格高，且受限於語言、文化與距離等問題，導致金屬加工業者無法獲得完善的售後服務。

有鑑於此，早年在外商油品公司服務的美科科技董事長楊美斐與總經理廖國正，決定在2003年成立美科科技，打造台灣第一座金屬加工油產業研發中心，並以綠能環保概念出發，直接挑戰研發植物性金屬加工油這項不可能的任務。

選一條沒人走的路，才能走得更遠

回顧十幾年前的創業歷程，楊美斐坦言：「團隊選擇了一條沒人走的路，走起來當然很孤獨，一開始別人都等著看笑話，覺得我們曲高和寡，但我們不想分食別人殘留下來的價值，而是要創造出屬於自己的價值，這樣才會走得長遠。」

廖國正補充，油品公司像是殼牌（Royal Dutch Shell）、埃

克森美孚（Exxon Mobil），都是國外的大型企業，而且擁有豐富的石油資源，美科科技很難跟這些國際企業比拚，如果要做到華人世界第一，只能找他們不感興趣的項目，投入植物油反而比較有機會。

他強調：「其實沒有資源的一方，反而最能產生創造力，我們不像中東國家有油田，所以只好想其他方案來取代，以前我們用肺在拚經濟，現在要用真正的科技來拚經濟。」

不過，因為植物油的開發毫無前例可循，讓美科在產品研發的路上走得格外辛苦。

廖國正表示，工業革命至今超過兩百五十年，石油產業已是發展成熟的領域，只要按部就班，依照業界熟悉的原料及步驟去做即可，因此礦物油很容易生產；但植物油根本沒有前路可以依循，只能自己披荊斬棘砍出一條路，有可能花了很多時間和力氣，走到盡頭才發現是條死路，失敗幾乎是理所當然的，「公司投入龐大的研發費用，賺的錢幾乎都投入研發，」廖國正說。

楊美斐回憶，創業初期最大的挑戰，除了原料取得不易之外，推廣及教育客戶也是一大挑戰，對此，美科科技提供免費樣本及專業訓練，教客戶如何維護並使用環保植物油，這些從零開始卻不得不做的事情，幾乎吃盡了公司賺得的利潤。

事實上，早在十幾二十年前，國際間已開始倡導使用環保植物油，但因為沒有普遍規範，且價格和礦物油有明顯差距，因此推廣不易。

「美科一直教育客戶，使用綠色產品取代黑色石油，就可以維持地球的藍天綠地，好比人體一樣，如果吃東西慎選食材，就不需要吃保健品，植物油是一種對環境友善的油品，使用植物

1. 美科科技重視研發創新，圖為研發人員在實驗室工作狀況。
2. 透過參與專業展覽，美科科技將植物油金屬加工油推廣出去（圖／美科科技提供）。

油，人類才能跟大地共存、與環境互利共生，」楊美斐語重心長地說。

廖國正補充，礦物油與植物油有結構上的差異，礦物油必須加乳化液才能溶於水，使用後會產生一氧化碳、懸浮微粒、硫氧化物、多環芳香烴等空氣汙染物，改用植物油則可大幅減少汙染物，是較為環保、安全、健康的選擇。

根據《臺大校友》雙月刊第48期刊登的研究報告指出，比起礦物油，植物油可大幅減少空氣汙染物。如果使用1萬公噸的植物性切削液取代傳統礦物油，可減少2.6萬公噸的二氧化碳排放量，相當於二十七座大安森林公園二氧化碳年吸附量。

植物油不僅具有環保效益，且如清水般清澈，加工表現呈現極佳潔淨度，有優異的排油性，可迅速分離滑道液壓油滲透汙染，加工後的工件及機台都很乾淨，與礦物油產品相比，甚至可增加切削液三至十倍的使用壽命，減少廢油與切屑回收的問題，可提高勞工安全、增加產能。

不過，早年植物油技術才剛萌芽，且價格偏高，是礦物油的三倍以上，因此只能小規模運用，譬如生物醫學領域的骨釘，或用於森林及水源相關領域如砍伐及水上遊艇等，如果要量產應用於工業用途，就必須解決原料問題；尤其美科不想「與民爭食」，不使用與一般植物性食用油相同的原料，尋找新原料就成為當務之急。

所幸，美科找到再生植物油、基改植物油等原料來源，2014年更配合政府政策，大量導入國產再生植物油。廖國正說，台灣的再生植物油每年產量三十萬噸，足夠提供國內發展切削油所有原材料，還有剩餘且能出口，也符合「城市油田」的環保趨勢。

擺脫惡性競爭，勇闖國際高階市場

由於國內市場不易經營，美科高達95%的銷售集中在出口，客戶都是一線跨國企業，涵蓋電腦與手機機殼、刀具、五金工具，以及各式零組件產業，譬如汽機車、航太、太陽能、醫療器材等。

廖國正表示，美科的競爭對手都在國外，國外市場才有公平競爭的舞台。因為國際大廠一流的生產線，需要最好的機器、刀具、油品配搭，「這樣美科的產品才有機會打入國際企業進行測試。」反觀台灣因為產業缺乏規模化，國外油品大廠不會來台設廠，「因此以油品研發來說，台灣比國外落後達三十年，這句話絕對不是危言聳聽。」

之所以如此說，主要是因為歐美先進國家嚴格規範業者必須有完整配方、生產履歷、執照、稽核制度，才能投入金屬加工油領域，一旦違法將付出很高的代價，因此像是德國、美國從事金屬加工油的業者，都不到十家。

反觀台灣，由於缺乏嚴格法規管制，竟有高達三、五百家業者投入金屬加工油領域，而且幾乎都不具備化學、化工專業背景，廖國正說：「沒有研發能量，不是削價競爭，就是購買一些來路不明的劣質油品，導致劣幣驅除良幣。」

當初美科之所以能打入國際大廠的手機機殼供應鏈，就是因為客戶使用大量的CNC機台，在大陸的產線有五千台甚至五萬台，不像台灣只有五台、十台，而且這些大廠要求兩億支手機的品質都要一致，因此對油品的要求特別高。

廖國正表示：「這種挑戰對美科來說很有優勢，因為我們的油品品質穩定，沒有環保問題，如果客戶採用劣質礦物油，將很容易發臭，造成產品品質不良或環安問題。前幾年就曾有機殼廠因為發生上述問題被迫停業遷廠，因此業界如今愈來愈重視油品品質及環保議題。」

闖不一樣的路，勇敢創新承擔風險

這些年來，美科靠著優異的產品研發實力及環保綠能的企業文化，在國內獲獎無數，2016～2018年連續三年，獲得桃園市績優企業卓越獎的創新智慧獎、環保循環獎、服務品質獎，並獲頒金質獎。2019年再獲桃園市金牌企業卓越獎的智多星獎，以及

美科科技主要經營出口市場，需特別重視生產線的優化，才能服務要求嚴格的國際級客戶。

美科科技經營理念

以人為本、互利共生。

經濟部小巨人獎、台灣精品獎、金炬獎等。

談起如何展現企業競爭力，廖國正分析，如果選擇別人做得很好的東西去做，只能獲取剩餘的利益，因此企業應反向思維，勇於挑戰高難度的產品並學習別人的優點，才有出頭機會，否則只是跟著競爭對手掉進一片紅海，彼此挑剔缺點甚至低價競爭。

如果當初美科跨進礦物油研發，經營之路並不困難，但一進去就是陷入紅海市場，而且對社會、公司、客戶都沒有太多幫助。多數台灣公司都在生與死之間選擇了「苟活」這條路，賺取微薄的代工費用；美科卻決定在生死之間奮力一搏，勇闖競爭對手不敢闖的禁地，即使失敗也會死得很悲壯，但至少努力過了。

「這就是創新的本質，有可能帶來希望，也可能帶來絕望，每天都在冒險，都活在風險之中。」廖國正為創新下了一個精準的注解。

最大競爭對手在對岸，深耕研發刻不容緩

儘管美科已經躍居亞洲最大的植物性金屬切削液製造廠，但目前業界97%仍採用礦物性切削油，植物油市場僅占不到3%；隨著各國政府法規要求日趨嚴格，加上環保意識抬頭，植物油與礦物油的價格已經明顯拉近，未來仍有很大的成長空間。

面對當前的競爭態勢，廖國正不諱言地說，最大競爭對手不是歐美，而是對岸中國。他強調，歐洲的合成酯化技術過去十年引領全世界，但如今在中國都賣不動，因為他們的製程更先進、成本更低，推出的植物油更有競爭力。

值得注意的是，中國每年有關植物油的論文超過一萬篇，台

灣卻寥寥無幾，兩岸的基礎科學研究可說是天差地遠。廖國正分析，中國的化學品類最完整、產出量最大，基礎原料也較容易取得，唯獨較缺乏應用經驗，只要有人教他們如何應用，學習曲線很容易縮短，一、兩年內就會趕上來。

廖國正認為：「所以台灣必須很務實地了解自己的產業結構，投入基礎科學研究，否則如果只靠小油行打游擊戰，沒有企業經營的思維、不願深耕研發，很快就會被淘汰。」

從桃園出發，穩健踏實永續經營

座落於桃園市大園工業區的美科科技，與桃園結緣近十七年，目前也在大園增建新廠區。

楊美斐回憶：「當初設廠時，找了十六個地方，基於永續經營的理念，就是堅持要找到合法合規的地點，不能隨便找個便宜的農地就蓋工廠。」後來選擇大園工業區，主要是考量桃園工業區的規劃與效能在全台灣都是領頭羊，而且距離空運樞紐也近，行業定位清楚，周邊配套也做得很好。

另一方面，桃園在對外招商與宣傳方面著力甚深，包括長年舉辦桃園市金牌企業卓越獎，積極向外界宣傳桃園低調卻優秀的企業，讓更多人知道在地企業的理念及聲音，完整展現企業本質，對於招募人才更有助益。

除了在桃園擴廠，目前美科科技也在台中大里興建中部營運中心，另外在南部尋找適合地點，計劃設立南部營運中心，積極投資台灣。楊美斐強調，美科近十七年來，都是穩健踏實地朝著既定目標邁進，即使當前受新冠肺炎（COVID-19）疫情衝擊，但擴廠的計畫仍持續進行。

楊美斐充滿信心地說，「我們深信只要一開始的軌道對了，按部就班，就很有機會到達目的地；留給後代子孫藍天綠地的環境，是我們的堅持也是使命，美科將秉持專業創新、精進研發的精神，在守護地球的路上持續前進。」

美科科技小檔案

*

成立日期：2003年11月11日

資 本 額：1.4億元

員工人數：約50人

營運項目：專注於植物性金屬加工液的研發與生產，是台灣第一家擁有研發生產能力的金屬加工液企業，秉持「環保、健康、安全」的核心理念，持續精進開發綠能新材料，結合歐美技術與綠能資源應用，推出適合亞洲人操作習性的全系列植物性配方金屬加工液，應用於汽機車、航太與3C等機械、零件加工市場

獲獎紀錄：2015年經濟部第18屆小巨人獎、2016年第5屆女性創業菁英賽——菁英組冠軍、第13屆金炬獎、桃園市績優企業（2016年創新智慧獎、2017年環保循環獎、2018年服務品質獎）、漢翔 A-Team 4.0 銅質獎、2017年MVP百大經理人、第27屆台灣精品獎、2019年經濟部第5屆潛力中堅企業獎

第二堂課：學突破

羅鐵機械

打造商標機械王國

文／沈勤譽　攝影／賴永祥

位於桃園龜山的工四工業區，有家成立超過半世紀的企業，
雖然沒有上市上櫃，知名度不高，
研發生產的產品卻深受國外客戶青睞，
不僅銷售全球近百國，每次在國際各專業展會中，
更以自有品牌LABELMEN的獨特產品吸引各方目光，
它是台灣商標印刷機的龍頭企業——羅鐵機械。

走進羅鐵機械三樓的大會議室，一整排展示櫃中，排滿了牙膏、洗髮精、衣服、鞋子、機油、食品飲料、酒品、血糖機測試片、印刷電路板等產品，涵蓋民生、工業、醫療、高科技等領域，其中的關聯是：這些產品上的商標，全是採用羅鐵商標印刷機印刷出來的。

超過半世紀的時間，羅鐵一直深耕商標印刷領域，更不斷精進商標印刷機的功能，也讓LABELMEN的品牌更受矚目。

儘管商標及產品不斷被仿冒抄襲，但羅鐵機械執行長羅文建並不憂心，他認為只要不斷創新研發，就能讓自己更強大，畢竟幾十年來「始終被模仿，從未被超越」。

結合創新研發與客製服務，建立核心競爭力

有鑑於早年台灣紡織業蓬勃發展，帶動成衣業發展，更引爆布標商機，羅鐵機械董事長羅金雄因緣際會投入印刷機行業，年僅二十多歲就創辦羅鐵機械。特別的是，他從創業之初就訂下企業永續經營的目標，因此決定自創品牌，並自設廠房，一路見證

了台灣商標印刷機躍上國際舞台的光榮歷史。

羅鐵第二代經營者羅文建童年時期即加入公司，十八歲開始學習維修設備。他分析說，羅鐵之所以能逐步建立現有地位，在於持續秉持「創新、執行力、顧客導向、團隊合作」的核心價值，結合市場行銷、研發、創新設計等環節，才能顛覆標籤市場，開發出客戶認同的新產品。

事實上，羅鐵的每一部印刷機，都是透過研發部門根據市場情報、科技趨勢與客戶需求，加上五十多年累積的工作智慧與豐富經驗，才能設計出符合環保規範、品質穩定、操作簡單、節省空間的新機種。

冉者，加工部門透過先進的高速車床、齒輪加工機、磨床等精密加工設備，確保每一個零組件都能達到嚴格的品管標準，並按照標準規格，有條不紊地放置在自動倉儲系統中；最後到了生產線，由經驗豐富的工程師，從機座、傳動軸、馬達等組件，按部就班地進行裝配。從完美創意到落實為具體產品，每個細節都馬虎不得。

羅文建強調，羅鐵最主要的競爭力就在於五十五年來累積的關鍵技術，其中更有39項專利，才能在眾多惡性仿冒、削價競爭的市場上存活下來並站穩腳步。

譬如，羅鐵將Ani-Print網目輪供墨系統技術導入PS版商標印刷機中，採用取得專利的短墨路供墨系統，將油墨傳導到被印材上，讓印墨表現更均勻平整，不但降低印刷投資成本，且有效縮短印前準備時間，同時也減少製版產生的能耗。

正因這些專利技術，讓羅鐵擺脫價格競爭的惡夢，開創獨有的差異化優勢。

創新密碼一：打造國際品牌，產品銷售九十五國

相較於其他同業大多使用一般型商標印刷機，羅鐵是少數擁有大型全輪轉印刷機的台灣企業，而且堅持自有品牌，儼然是台灣商標印刷機之光。

羅文建回想，1988年他第一次被派往亞洲、歐洲，展開一個半月的參展行程，並密集拜訪客戶、考察市場，從印度、土耳其、希臘到荷蘭等國家，令他眼界大開，也發現了這個行業的龐大潛力。

「當時羅鐵以小型商標機為主，但歐洲廠商賣的是大型商標機，價格至少十倍起跳，而且產能與公司規模明顯大很多，」羅文建說，這也讓他回國後決定投入大型機器的開發與銷售，後來研發一系列的大型商標機，不僅從此能與歐美廠商同台競爭，也擺脫了台灣業者只能做小型機台的宿命。

羅鐵在國際品牌行銷的投入毫不手軟，每年編列數千萬元預算，積極參與德國、比利時、義大利、西班牙、新加坡、印度、印尼、中國大陸及台灣的國際型印刷展會、商標展、包裝展，也

羅鐵機械是台灣少數擁有大型全輪轉機的企業（圖／羅鐵機械提供）。

與世界各國的專業雜誌媒體長期配合宣傳，樹立專業品牌地位與企業形象。

羅文建坦言，一開始進入國際市場銷售產品時，有些客戶或競爭對手會懷疑羅鐵是新進品牌，沒有足夠的競爭力，因此羅鐵決定強打LABELMEN品牌，而且告訴大家：羅鐵是一家成立於1965年的老牌公司。

他說：「我們每次參展至少都是二十人一起出動，不管攤位設計、服裝或宣傳品，都很重視呈現品牌與企業識別系統，努力成為會場亮點。」

羅鐵研發的多功能輪轉機、模切機、分條機、品檢機等各式機種，深受商標業者青睞，再透過自銷、經銷、總代理、客戶轉售等多元管道行銷，逐漸在國際市場打開知名度，目前產品已成功銷往九十五個國家，連中南美洲的玻利維亞、東非的肯亞及烏干達、西亞的葉門及卡達，都有羅鐵的足跡。

創新密碼二：落實本土化，扎根桃園放眼世界

儘管羅鐵打的是世界盃比賽，但從創業到現在，始終貫徹本土化的經營策略；「我們只有桃園龜山的廠房，工廠沒有外移，也沒有聘用任何外勞，是完全土生土長的台灣企業，」羅鐵幕僚長楊寶珍驕傲地說。

羅鐵更力挺台灣客戶，二十多年前開發出第一款可以列印凸版貼紙的燙金印刷機時，掀起一陣風潮，國外許多客戶都要求下單，但羅鐵當時堅持只銷售給台灣的六家印刷廠，並請國外客戶向他們採購。

事實上，羅鐵最早是在三重創業，因應研發團隊與產能擴充的需求，自1999年開始規劃建設桃園龜山新廠，2003年正式進駐桃園市工四工業區，開啟羅鐵的另一個重要里程碑。

為何選擇桃園？羅文建表示，一方面因為董事長是桃園新屋人，希望能回饋鄉里，另一方面也有地理環境的務實考量，因為桃園的陸海空交通便利，往來台灣各地及國外都很方便。

近幾年來，羅鐵憑藉持續研發與創新產品、行銷國際品牌，成為各大獎項的常勝軍，不僅多次獲得台灣精品獎、TTQS人才發展品質管理系統獎項，也榮獲2015年桃園市績優企業——長青企業卓越獎，以及2019年桃園市金牌企業卓越獎——智多星獎。羅鐵也經常協助經濟部、外貿協會舉辦參訪或訓練活動，以Made in Taiwan的優質品牌，扮演隱形外交助手的角色。

羅文建強調，五十五年來，羅鐵始終秉持「誠、和、開拓者精神」的企業信仰，全面提升嚴格品管，給予客戶百分百的信賴，且羅鐵的標籤機產品種類相當齊全，不僅擁有商標經營整廠輸出的實力，並且可提供經營者全方位的解決方案。

創新密碼三：研發不懈怠，兼顧環保永續發展

羅鐵是個有著半世紀歷史的老牌企業，卻能持續維持足夠的企業競爭力，創新研發扮演著非常關鍵的角色。

以無線射頻辨識技術（Radio Frequency IDentification,

1. 透過參與國際型會展，推廣國際市場，圖為羅鐵機械參加德國DRUPA展（圖／羅鐵機械提供）。
2. 羅鐵機械對零組件品管十分嚴格，按照標準規格放置在自動倉儲系統中。

PW-460-R7C IML
PRINTING-DIE CUTTING-COLLECTING,
IML TOTAL SOLUTION!
LABELMEN
INTERNATIONAL
Since 1965
YEARS
HBA

4
汎得自動化
LABELMEN
INTERNATIONAL
muratec
2

羅鐵機械經營理念

為客戶創造更多價值與獲利，
才能在市場上立於不敗之地。

RFID）為例，羅鐵早在二十五年前就以網版印刷技術投入RFID標籤天線的市場，不過當時因為標籤成本偏高、漏讀等問題，運用並未普及，直到近年隨著技術成熟、成本降低，大廠陸續採用，RFID產業才迎來真正的春天。

羅文建表示，印刷產製RFID的成本比起蝕刻更具彈性，對環境影響也小得多，因此羅鐵成立專屬的RFID部門，開發出RFID完整解決方案，從RFID標籤、讀取器、中介軟體與資料庫，通通一手包辦，瞄準物流、零售、服飾、製造、交通等產業的龐大需求與商機，同時也跟著工業4.0、智慧製造的產業脈動，開發更高附加價值的智慧標籤產品。

另一方面，羅鐵非常重視綠色環保的精神，致力開發各種兼具環保及印刷效率的設備。

羅文建強調，全球氣候變遷對環境、經濟、社會造成的衝擊日趨嚴重，因此，公司很早就開始著手建立永續發展機制，關注節能減碳的問題，善盡企業社會責任，從材料面、製程面、應用面等環節，去思考如何採用環保、資源可回收並友善環境的材質與工法，而這也是公司開發新型印刷機的重要考量。

創新密碼四：多元經營，投入室內空氣品質改造

現階段，除了持續精進商標印刷機之外，羅鐵也正朝多元經營的方向邁進。

在本業方面，積極研發數位化設備，以因應數位印刷的時代潮流，並持續發揮客製化設計的優勢，同時開拓更多特殊材料的印刷機，包括積層軟管、生技醫療、消費性電子材料的印刷與模

切加工設備，希望在2030年能邁向全球第一強的目標。

面對山寨產品及削價競爭的模仿者，羅鐵始終秉持守法經營的精神，羅文建充滿信心地說：「唯有讓自己變得更強大，靠著品牌、品質、制度、誠信、服務，加上客製化的技術，為客戶創造更多價值與獲利，才能在市場上立於不敗之地。」

羅鐵以「定義未來」自許，並以開拓者的精神，秉持繼往開來、不斷突破的核心價值，整合企業資源，更以愛惜顧客、品牌及員工的理念，延續印刷命脈，提供商標印刷界合理的成功方案，創造精緻商標印刷機新紀元。

此外，羅鐵也勇於跨出舒適圈，轉投資成立高利科技，專注於室內空氣品質的改造。

羅文建表示，因為長期接觸印刷業，深切了解印刷業的工作環境充滿甲醛、乙烯、油墨及各種揮發性化學物質，因此希望開發出改善室內空氣品質的解決方案，才能確保員工的健康，同時也能提高印刷品的品質。

相較於市面上的離子空氣淨化機，多數都是搭載負氧離子，高利科技則是採用氫氧離子，存活時間可從1～3秒增加為8分鐘，傳遞範圍也更廣，可大幅改善空氣淨化效果；再者，氫氧離子被水分子包裹，不與氧氣起作用，不會產生危害人體的臭氧。

以創造乾淨環境為未來使命

與羅鐵一樣，高利科技也是主打自有品牌，以「微笑風」品牌推出全系列產品。

目前，高利科技與日本研究機構合作，採用超奈米氫氧離子的專利技術，推出空氣淨化機與循環扇，搭配氫氧離子全熱交換機、空氣品質偵測器，不僅可有效淨化作業環境，並即時監控室內空氣品質，同時還能降低體感溫度。最重要的是，完全不用更換耗材，應用場域廣泛，包括工廠、農場、一般家庭、辦公室、車內空間等。

羅文建強調：「現階段我們無法改造室外的空氣品質，但可以努力把室內空間的空氣品質做得更好。」高利的產品能過濾PM2.5、細菌、過敏原、甲醛及各種異味，創造更乾淨、清新、淨化的環境，為消費者帶來充滿快樂及微笑的生活，而這也將是羅鐵下一個五十年創造另一個高峰的重要使命。

羅鐵機械小檔案

*

成立日期：1965年12月1日

資 本 額：1.28億元

營運項目：研發製造商標印刷機械，自創品牌 LABELMEN，產品行銷全球九十五個國家

獲獎紀錄：2014年、2016年、2018年TTQS人才發展品質管理系統評核銅牌、桃園市績優企業（2015年長青企業卓越獎、2019年智多星獎）、2017年台灣精品獎及銀質獎、2019年台灣精品獎

第三堂課：學務實

饗賓餐旅

老牌川菜館華麗轉身

文／沈勤譽　攝影／賴永祥

從一家桃園在地的川菜館，
到全台灣擁有七個品牌、四十家門市的連鎖餐飲集團，
饗賓餐旅可說是老牌餐廳轉型現代化餐飲集團的代表之一。
董事長陳啟昌為了創造「饗以盛宴，賓至如歸」的幸福體驗，
設置中央廚房，用App與年輕人溝通，
打造全新的餐飲生態系。

你可能未曾注意到，「饗食天堂」、「果然匯」、「饗饗」、「旭集」、「開飯川食堂」這些餐飲品牌，其實都來自同一家公司——饗賓餐旅；但更多人不知道的是，這家經常推出新品牌、廣受年輕人喜歡的連鎖餐飲企業，其實最早是從桃園農田水利會員工福利餐廳起家，成立至今已近五十個年頭。

○——引進一流設計團隊，新品牌打響名號

讓這個老牌餐廳轉型再造、發光發熱的，正是現任董事長陳啟昌。他在1979年接下父親的餐廳事業後，深耕桃園多年，成功征服在地人的味蕾，1993年擴大成立可容納兩百桌宴席的福利餐廳中正店，成為當時國內規模最大的川菜宴會餐廳。

不過，陳啟昌的腳步並未就此停歇，2001年，他創立「中壢福利川菜」及「福利日式百匯」，隔年進軍桃園衣蝶百貨（現為桃園新光三越），展現全新品牌「饗日式百匯」，開幕後就天天爆滿，而這一年也立下了公司成功轉型的里程碑。

2006年，饗賓餐旅進軍大台北地區，以「饗食天堂」打響名

號，成為家庭與朋友聚會最熱門的吃到飽餐廳，之後更發展成涵蓋川菜、泰菜、蔬食、台菜的多品牌連鎖餐飲集團。

回顧當年轉型之路，陳啟昌表示，原本福利川菜以經營喜宴為主，雖然曾經盛極一時，但後來受到少子化影響，加上喜宴生意波動較大，要長久生存，就必須思考喜宴之外的經營模式。

2002年，陳啟昌因緣際會認識了前衣蝶百貨總經理王令楣，為了進駐衣蝶開設全新品牌的自助餐廳，他跟著王令楣與衣蝶團隊前往日本取經，考察當地引領潮流的餐廳，並接受王令楣的建議，找到陳瑞憲領軍的設計團隊，包括品牌識別系統、室內裝潢、餐飲設計、制服等都是走在時代前端；大家更腦力激盪想出「饗」一字為品牌名稱，成功打出知名度。

時至今日，饗賓已是一家擁有七個品牌、四十家門市的連鎖餐飲集團，員工達兩千五百人，年營收超過三十五億元。

企業理念誠正務實，真心照顧員工

饗賓這幾年來獲獎無數，2011年獲經濟部創造就業貢獻獎，2012年饗食天堂中壢店獲桃園縣第3屆14大異國料理組金牌好店，2019年更是拿下桃園市金牌企業卓越獎的「智多星獎」及「性平獎」。

提及企業經營的成功之道，陳啟昌表示並無特殊心法，關鍵就在於「誠正務實」四個字。他強調，餐飲業是服務業，最重要的就是人，員工必須久任，才能提供優質產品與服務，而企業若能真心照顧員工，提供不錯的待遇，員工就會願意留下來跟公司攜手打拚，即使遇到挫折，營運狀況也能走出困境。福利川菜有

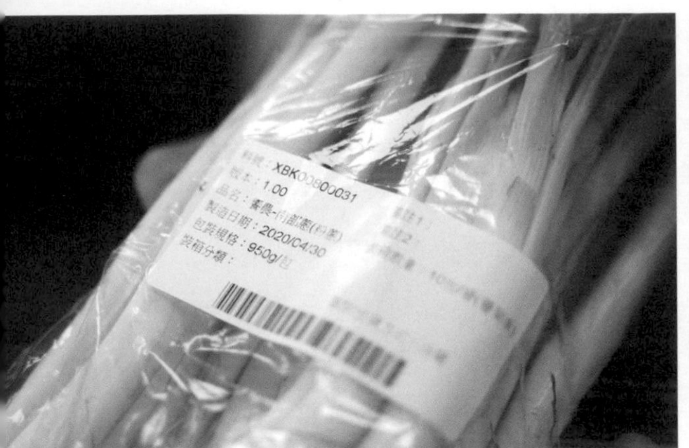

饗賓集團的中央廚房設置生產、生管、物管及西點部門，進行前置食材裁切（左圖）及半成品製作（右圖）。

些員工從一九八〇年代加入公司到現在，就是最好的證明。

過去在金融海嘯、食安風暴發生時，饗賓也曾歷經低潮，不過比起這次新冠肺炎疫情爆發，今年的挑戰更為嚴峻，但還是堅持不減薪、不放無薪假。「公司有不少員工都是二度就業，或在社會上屬於相對弱勢的族群，這個時間點我們更要有情有義，好好照顧他們，」陳啟昌有感而發地說。

另一方面，他相當重視公司的信用，從不積欠供應商款項，甚至將供應商都當成自家的好夥伴。譬如長期合作的裝潢、廚具業者，一路以來跟著饗賓的發展成長茁壯，建立起難能可貴的革命情感，儼然成為「泛饗賓」集團的一份子。

饗賓也重視年輕員工的創新理念，雖然已經年過六旬，但陳啟昌總是與年輕人打成一片，對於公司的創新服務、品牌經營、數位行銷、新投資都非常支持，讓饗賓展現十足的動能與活力。陳啟昌強調，公司不能是一言堂，因此他非常鼓勵年輕人自由發想，「不要限制他們，讓創意能夠充分表達及具體落實，這樣團隊才會更強大。」

譬如，由總經理陳毅航主導建立的「iEAT饗愛吃」App，在2019年8月上線之後，已累積四十萬會員數。這套會員經營系統整合了全品牌最新活動、線上即時訂位、集點兌換優惠、儲值消費回饋等功能，希望能夠提升舊客戶回購意願及平均消費金額；未來更希望整合餐廳、市集、生活美學，提供線上到線下的新餐飲服務體驗，成為饗賓爭取年輕族群的重要利器。

大手筆建置中央廚房，把關食安有一套

除了與年輕人對接的行銷創意之外，這幾年來，饗賓集團的版圖快速擴張，提供安全有保障的食材便顯得格外重要。

早在2012年公司就斥資六億元，在桃園青埔總部設立使用面積超過三千兩百坪合法建物的中央廚房，設置生產、生管、物管、西點等四大部門，進行前置的食材裁切與後製的半成品製作，從蔬果、熟食、港式點心、西式點心、冰淇淋到甜品，都由這裡供應，不但能大幅降低各餐廳的製作時間與人力，更重要的是為消費者的食安把關。

陳啟昌回憶說：「早年經營福利川菜時，曾經發生喜宴客人吃壞肚子的狀況，當時我站上火線逐一向客人解釋並協調，很怕品牌會因此毀於一旦。」正因親自處理過食安問題，陳啟昌深知餐飲業若想永續經營，一定要邁向規格化，並做好食品安全管理

的工作。因此邁向快速展店之前，公司不惜重資打造中央廚房，規模是國內餐飲業前所未見，並取得ISO 22000：2018食品安全管理系統認證，所有餐點都是自家打造，沒有任何委託代工，絕對不假手他人。

隨著集團營業規模擴大，饗賓更在總部附近購地，興建中央廚房二廠，做為食材冷凍及常溫儲存的空間，如今二廠已在2020年第一季正式啟用，可以根據市場行情變化購入當季食材並妥善冷凍，有利於提供更多樣化的食物選擇。

不僅如此，饗賓還成立自有物流車隊，共有十四輛、總重超過九十噸的物流車，可以冷凍、冷藏及常溫等方式進行配送，台中以北的門市每日配送，南部門市則採每兩日配送，確保食材能以兼顧速度、溫度與鮮度的物流模式，送抵全台門市，展現餐飲一條龍的企圖心。

利潤回饋生產者，安心留給消費者

走進饗賓中央廚房，可以看到許多員工正細心處理各式新鮮蔬果，他們是公司的饗農班，負責前往原產地向農戶採購食材，然後在中央廚房進行整理、揀選、儲放等工作，這是饗賓為了支持小農，大舉調整供應鏈的做法之一。

陳啟昌說，小時候家中務農，他從小就在家裡幫忙種田，很了解農業生產鏈中充滿資訊不對稱的情況，為了避免生產者的

1. 饗農班會到原產地採購食材，並回到中央廚房進行揀選與儲放工作。
2. 中央二廠是食材冷凍及常溫儲存的空間。

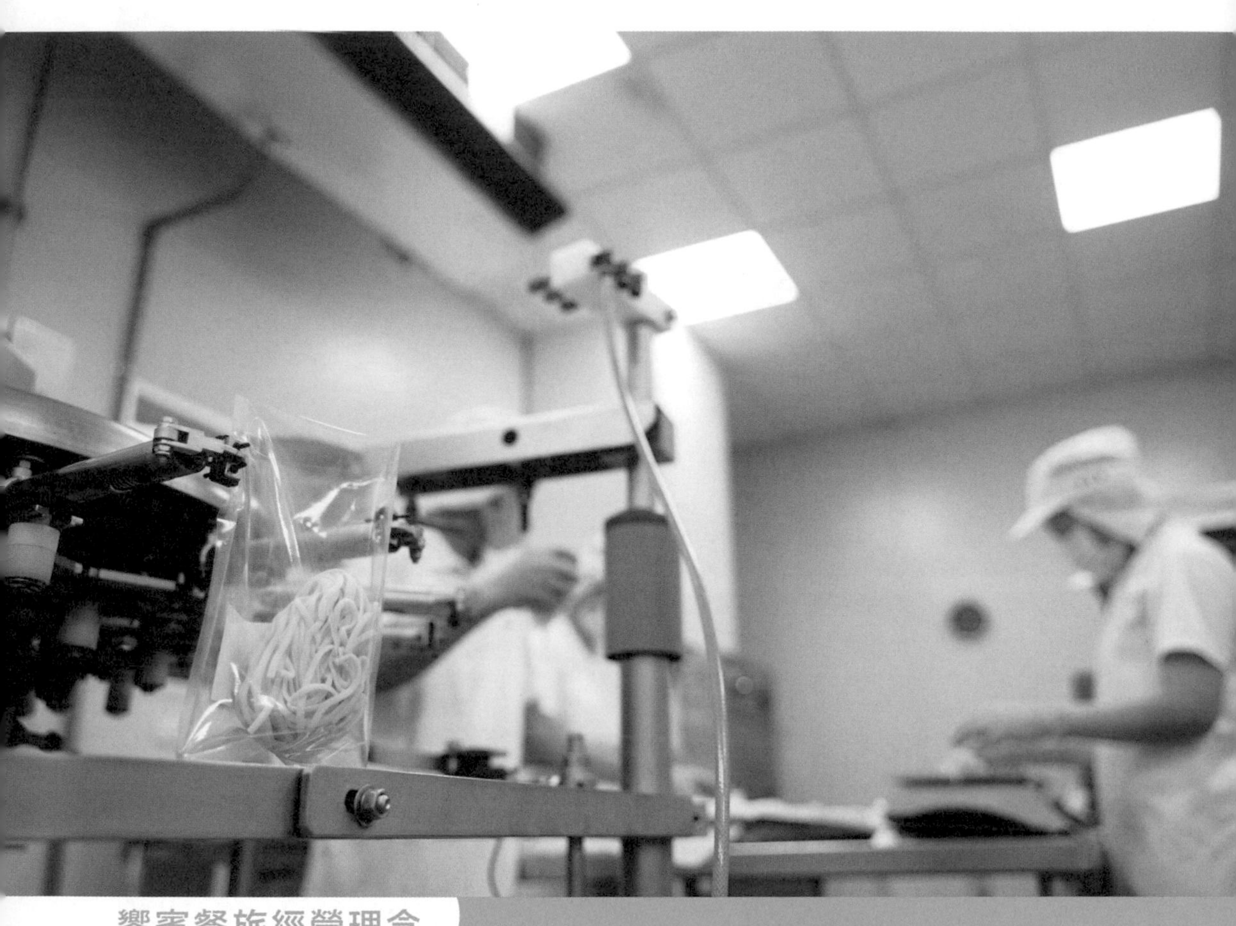

饗賓餐旅經營理念

誠正務實、熱忱服務、
創造價值、滿意分享。

利潤被中間商剝削，甚至可能採用劣質的生產方式，影響食材品質，所以饗賓希望能扶持生產者，直接向產地購買食材。

他認為這種與原產地農民進行契作，提供合理利潤的採購模式，不但可讓供應鏈變得更扁平，同時也能對農民的生產方式做好管控，譬如使用農藥、種植、品質管理等，掌握食材來源及安全性。饗賓的饗農班推行至今已經兩、三年，「我們希望讓消費者吃得安心，並將利潤直接回饋給生產者，希望更多年輕人願意投入農業，」陳啟昌充滿期待地說。

跨足食材供應，盼改變庶民餐飲供應鏈

陳啟昌的企圖不僅如此，他還在嘉義馬稠後產業園區大學購地，預計規劃上萬坪的「饗青市集」，打造農產食材集貨與前處理中心，希望將雲嘉南一帶的農漁牧產品，進行整合及前段處理，不僅供應自家餐廳，也可以賣給同業。

陳啟昌強調，饗賓已經發展到一個階段，為了降低經營風險，不能將重心全都放在主題餐廳上，未來將投入食材供應。他說：「我們希望把高雄進口的海鮮、肉類，還有雲嘉南種植的蔬果及各種食材，進行處理後供應到北部，如此一來，大家各自分工，彼此都有錢賺，而且順向運送可以縮短碳足跡。」

雖然在經營布局背後有著對市場的敏銳度及營運考量，但更讓陳啟昌念茲在茲的，是改變庶民餐飲的供應鏈。他發現許多自助餐及便當店都經營得非常辛苦，每天一大早要到菜市場採購，回到店裡還得整理食材、開始做餐，在客人上門前就已經忙了六、七個小時。

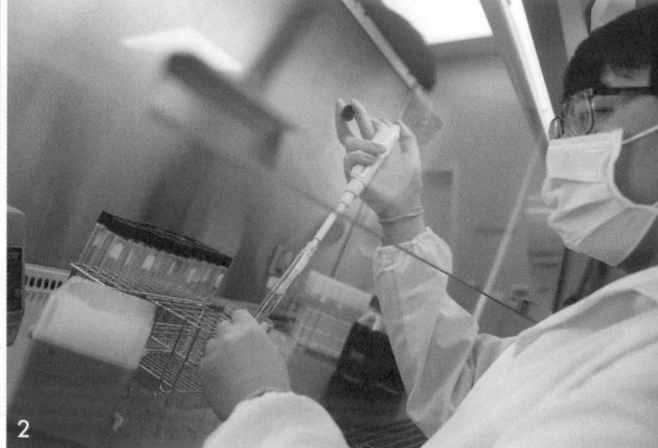

1. 蔡英文總統在新冠肺炎疫情期間訪視饗賓餐飲，鼓勵企業面對困境依舊堅持不減薪、不放無薪假（圖／饗賓餐旅提供）。
2. 因為親自處理過食安問題，陳啟昌更重視做好食品安全管理，因此成立實驗室進行檢測，替消費者把關食安。

饗賓若能把前段作業完成，處理好肉類、蔬果、海鮮等食材，並且為食安把關，「如此一來，店家只需要忙後段流程即可，還能同時解決餐飲品質與經營效率的問題，」陳啟昌說。

此外，饗賓也善用餐飲品牌、中央廚房、會員系統App等優勢，計劃在App上銷售肉品、冷凍食品、即食品、麵包、醬料、冰淇淋等，譬如：開飯川食堂可以賣麻辣鍋、麻辣豆腐。這項計畫原本正在進行中，但因新冠肺炎疫情來勢洶洶，集團各品牌實體門市的生意紛紛受到影響，反而加速計畫推行，也讓更多消費者可以隨時隨地享受到饗賓的美食。

從桃園起家的饗賓，目前門市遍及全台，但包括公司總部、中央廚房一廠和二廠，以及正在籌設中的饗賓學院，都座落在桃園。陳啟昌指出，這幾年桃園每年人口淨成長數萬人，工業產值達三兆元，這些指標在六都當中都是領先的模範生，鄭文燦市長不僅透過舉辦活動與設立獎項來協助企業轉型發展，更對工業區開發提出許多新政策，對桃園企業是一大利多，更讓深耕桃園的企業感到光榮。

放眼未來，饗賓除了持續培育人才、提高待遇，建立互信、高效能的合作團隊之外，也將營造開放的企業文化，創造讓客戶滿意、員工愉悅的餐飲環境，「我們有信心，饗賓餐旅未來十年要朝向百億元營業額的目標邁進，成為台灣最受期待的餐飲集團，」陳啟昌堅定地說。

饗賓餐旅小檔案

*

成立日期：2002年5月8日

資 本 額：3.6億元

員工人數：約2,500人

營運項目：由知名老牌福利川菜餐廳轉型創設的多品牌連鎖餐飲企業，目前共有七品牌四十家門市，包括饗食天堂、果然匯蔬食、饗饗INPARADISE、旭集和食集錦、開飯川食堂、真珠台灣家味、饗泰多、饗在家線上商城在內，現正規劃跨足上游食材供應領域

獲獎紀錄：2011年經濟部創造就業貢獻獎、2012年中華徵信所前15大之大型餐飲企業、桃園縣第3屆14大異國料理組金牌好店（饗食天堂中壢店）、2017年健行科技大學產學合作優良實習機構、2019年高職建教合作考核一等獎（果然匯明曜店、饗食天堂京站店）

TAOYUAN
局長
郭裕信
阿虎哥
專門委員
江信潔
TYED

第四堂課‧學任事

桃園市政府經濟發展局

產業好幫手　推動桃園經濟向前行

文／陳玉鳳　攝影／賴永祥

在全台灣各大城市中，
桃園一向是產業複雜度和多元性最高的地區。
面對創新和傳統並存、國際與本土共榮、性質各異的產業，
桃園市政府經濟發展局發揮高效率和行動力，
以企業角度思考政策的著力點及方向，
扮演最有力的幫手，協助產業不斷創新，經濟持續活絡成長。

放眼全台灣，有兩個字能代表桃園整體產業的特色，分別是「大」和「多」。

首先，桃園的製造業產值是台灣最大，全市有超過三十個工業區，進駐數萬家廠商，工業區聚落相當完整，每年產值逼近新台幣三兆元，多年來位居全國冠軍寶座，是全台第一的工業科技大城。

其次是產業的複雜度，沒有一個縣市勝過桃園。桃園產業型態多元，包括食品、紡織、化學、汽車、物流、航空、光電、生技、綠能、醫療等，許多台灣知名企業及3M、可口可樂（Coca Cola）、陶氏化學（Dow）、豐田汽車（TOYOTA）等全球前100大品牌的國際大廠，皆在桃園落腳。

最強助攻，化被動為主動

桃園市經濟發展局局長郭裕信2018年年底接掌這個掌舵者的重要職位，面對創新與傳統並存、國際與本土共榮、性質多元的產業經濟體質，在他的帶領下，桃園市經發局如何定位自己的功

1. 2019年桃園市經濟發展局金牌企業卓越獎頒獎典禮，獲獎企業齊聚一堂，互相交流經營之道（圖／經發局提供）。
2. 鄭文燦市長訪視科技廠商，除了了解最新科技研發狀況，也傾聽企業需求，搭起民間與政府溝通的橋梁（圖／經發局提供）。

能和角色？

「企業是經濟發展的主體，政府部門則是助攻角色，站在協助企業的立場訂定策略，展開跨部會和局處的協調，以最高效率與行動力協助產業發展，」郭裕信強調，公家機關必須化被動為主動，為產業提供及時的幫助。

譬如，自從美中貿易戰爆發，台商陸續回流，為了迎接這波浪潮，經發局團隊設身處地為企業著想，「台商回來設廠，要解決的包括土地、法令和申請程序等等問題。」郭裕信說，桃園要能贏得台商的心，「關鍵就是快、方便，如果讓業者等得太久、太過麻煩，商機很容易就跑掉了，行政部門的效率和協助，足以左右廠商決策。」

於是，經發局端出「一條龍服務」，成立「台商回流小組」，從申請證照到廠房落地，一個月內就能搞定。

不僅如此，針對台商回流的相關資金需求，桃園市經發局即知即行，與永豐銀行簽署「企業扎根融資專案」合作備忘錄，融資總額度最高三百億元，讓回流台商能以優惠條件取得購置廠房、機器設備和營運所需的資金。

經發局團隊的群策群力，換來優異的成績，根據經濟部截至2020年2月6日的統計，170家響應回台投資行動方案的企業中，有34家選擇落腳桃園，投資金額高達新台幣1,687億元，冠於全台，投資的產業類型以電子零組件業、電力設備及配備業為主，台商回流的首選城市正是桃園。

企業幫手，推動創新轉型

1981年次的桃園市經發局局長郭裕信，四十歲不到，在全台各縣市政府主要局處首長中，屬於年輕一代的一級主管。擁有金融專業、想法靈活的他接掌經發局以來，運用許多創新做法突破傳統，協助企業和商家「好上加好」。

譬如，為了讓桃園舉辦多年的金牌好店、金牌好禮等活動散發新活力，郭裕信促成跨局處合作，結合各商圈串接資源，挑選合適的店家產品協助外銷。

郭裕信說：「身為公家機關，服務民眾的目標和功能不變，但是做法上可以有不同的嘗試，會更有效果。」他更強調，政府力量若發揮得當、用對地方，產業發展和經濟成長可期；相反地，如果踏錯一步，有時可能成為拖慢企業腳步的阻力。

郭裕信認為，推動桃園經濟發展，要做的事情很多，必須先從眾多任務中抓出主軸——創新產業，因為產業創新絕對是桃園維持長期發展的重要驅動力，經發局一定要積極地引進新興產業，同時協助產業轉型。

因此，自上任局長以來，郭裕信非常重視創新產業的帶動，他說：「創新是引擎，可以驅動市場經濟活躍，政府有義務提供良好的環境培育新創產業，讓新創產業發揮所長。」

不只創新，桃園市經發局的眼光和策略也看得很遠、很精準。

郭裕信分析：綜觀桃園產業發展，早期以製造、代工、降低成本為主要策略，在電子、工具機、紡織等領域建立起良好基礎；接著拓展至汽車零件、資通訊、物流、電動、雲端等領域，「隨著時代進步及環保意識高漲，並奠基於桃園既有產業資源及優勢所打造的基礎上，經發局如今的產業推動策略著重在低汙染、低耗能、低用水及高附加價值之『三低一高』產業型態。」

更值得一提的，總統蔡英文在出席虎頭山創新園區開幕典禮致詞時曾強調：「台灣產業發展的未來在人工智慧結合物聯網（AIOT），而AIOT的未來在桃園。」顯見桃園產業的創新轉型，攸關台灣的科技實力。

虎頭山創新園區，智駕研發新基地

虎頭山長久以來是桃園市民的休閒好去處，但從2019年開始，這裡不再只有山巒、樹林、步道、孔廟和桃園高中，更多了「虎頭山創新園區」。

一進入園區，馬上可見一輛自駕小巴士穿梭園區，郭裕信介紹：「這輛無人駕駛的小巴士，主要用來提供廠商測試各種軟硬體設備。」因為這裡是全台首座結合「車聯智駕中心」與「資安物聯網中心」的測試研發基地。

郭裕信說：「我們的另一個重要任務，是將這座園區打造成自駕車和物聯網的產業聚落。」肩負推展創新產業的重任，經發局團隊要努力將虎頭山創新園區打造成創業加速器，培育出更多的創新業者。

「創新創業並不容易，我們全盤思考廠商需求，以最高效率提供協助，」郭裕信舉例：譬如主動提供廠商創業輔導，協助規劃策略藍圖，甚至資金與法規等各方面的協助，「希望企業能在園區裡安心發展，早日形成產業聚落並發揮效益。」

轉型創新，桃園產業的進行式

經發局也提出明確策略，認為經濟要成長，注入創新活水是必要的，而且創新分為兩個層面，一方面要引進全新產業，另一方面要帶動傳統產業轉型升級。「我們希望透過自駕車產業的建立，同步帶動桃園汽車零組件、物流業轉型，這也是一種創新，」郭裕信強調。

做為台灣製造業大城，汽車零組件、物流業原本就是桃園的重點產業發展項目。在汽車產業領域中，桃園擁有TOYOTA、福特六和及中華汽車等汽車製造廠，加上三大車廠所匯聚而成的上游零組件業者，成為汽車聚落。郭裕信認為：「一旦電動自駕車產業在桃園發展起來，由『油』轉『電』的零組件需求必將出現，桃園汽車產業聚落可望迎來轉型契機。」

以電動自駕車為基礎，經發局正積極規劃物流產業發展，透

2020年3月防疫期間，蔡英文總統訪視配合政府全力投入口罩生產的易廷企業，並感謝桃園市政府與民間企業，全力與中央合作，展現台灣韌性，共度疫情難關（圖／經發局提供）。

過低碳物流及貨車運輸的推動，桃園物流產業將能變身為崇尚環保及永續的生態物流產業。

除了虎頭山創新園區之外，目前包括桃園航空城計畫、青埔的亞洲．矽谷創新研發中心、會展中心和觀光飯店、楊梅馬達矽谷等重大開發計畫，目前都陸續進入開發、招商階段。

其中，位於楊梅區「馬達矽谷園區」的開發，更是標誌著馬達產業從傳統邁向新科技的躍進歷程。馬達矽谷園區鎖定電動車、自駕系統、機器人、醫療輔具及無人機等新興科技所需的智

桃園市政府經濟發展局服務理念

化被動為主動，以最高效率與行動力，提供產業及時的幫助，
希望能在有限的時間內，為桃園企業及市民留下長遠的影響。

慧能效馬達，要在園區內建構完整的台灣馬達生態系，從設計、生產、認證到販售一應俱全，打造台灣桃園「馬達矽谷」品牌。

此外，未來的亞洲・矽谷創新研發中心將打造桃園版軟體園區；桃園市政府也規劃將中原營區轉型成中原創業村，發展電商產業與工業4.0。

創新，正在桃園產業的各個領域和角落發芽茁壯。

用電大城，推廣綠能有成

在推動經濟前行的路上，能源的大量消耗是桃園這座工業大城無法迴避的問題。桃園是全台灣用電量最高的城市之一，而綠能的發展及利用，可以降低能源消耗帶來的環境衝擊，「所以，綠能經濟和產業推動始終是桃園市經發局的重點思維，也是整體產業發展的核心所在，」郭裕信說。

桃園市政府鼓勵產業用屋頂設置太陽光電，並提供再生能源優惠補助，除了在沿海設置陸域風機，更積極與國際廠商合作，開發離岸風力資源；此外，桃園市政府也努力培養在地化綠能產業供應鏈，鼓勵綠能設備廠商到桃園投資設廠。

郭裕信說：「我們希望能透過建立完整的在地綠能產業鏈，促使桃園的綠能環境更完善，形成正向循環，吸引更多綠能廠商落腳桃園。」

事實上，經發局的業務範圍廣泛，2020上半年又面對新冠肺炎疫情的衝擊，經發局團隊為了搶救產業十分忙碌，郭裕信說：「每天都有緊急要務必須處理，畢竟產業紓困要立即執行，許多企業和店家紛紛受到疫情嚴重衝擊，沒辦法再等下去了。」

經發局希望打造虎頭山創新園區成為自駕車和物聯網的產業聚落，提供廠商測試無人自駕車的軟硬體設備（圖／經發局提供）。

但即使每天都有處理不完的任務擺在眼前，郭裕信仍不忘看向遠方：「我希望在有限時間內做出一些改變，留下長遠的影響。」他心中正逐步勾勒著藍圖，組織調整是首要之務。

為了推動產業園區持續發展，打造更完善的創新研發及設廠環境，促進產業升級轉型，經發局將新設六都唯一的「開發管理科」，協助企業新設或申請進駐園區，以及園區營運等工作。

此外，逐步改變同仁的做事心態，是郭裕信期許自己能帶給經發局的另一項長遠影響。

他認為，「處理公務時，照章辦事沒有什麼不對，但身為公務員，如果遇事都只是以『法規就是這樣規定的』來應對民眾或企業，主管機關就喪失了服務的精神。」因此，郭裕信期許經發局團隊能擁有更積極的思維，「從民眾及業者的角度去設想他們可能面臨的問題和困境，並主動協助找出解決之道。」

從2018年底任職至今，郭裕信帶領經發局團隊努力打拚，雖然期許深、要求高，但他仍然肯定團隊願意一起努力的精神與態度：「團隊所有成員的貢獻，是桃園持續進步的重要力量，不但要感激他們，也期許接下來再接再厲，為企業打造良好的投資環境，為民眾帶來活絡的經濟發展。」

面對後疫情時代的經濟挑戰，郭裕信和經發局同仁肩上的責任更沉重，但他堅信政務官的任期有限，影響卻可以無限，未來一定要讓桃園更好，打造更美麗壯闊的產業風貌。

桃園市政府經濟發展局小檔案

*

簡介：前身為桃園縣政府工商發展局，桃園縣已於2014年12月25日改制升格直轄市，並更名為桃園市，該局亦因應升格，更名為桃園市政府經濟發展局

架構：下設六科、四室，包括產業發展科、招商科、商業發展科、工商登記科、公用事業科、市場科、祕書室、會計室、人事室以及政風室

業務：綜理桃園市工商登記、工商輔導、產業發展、公用事業及土石採取管理輔導等業務

堅持往對的方向前進

實踐創新創業

創業是許多人的夢想，
無論是二代接班或白手起家，
都需要有精闢的市場洞察力，
勇於挑戰的熱情及擁抱變革的決心，
在他們身上，呈現了創業者堅持不懈，
帶領團隊朝向目標邁進的個人魅力。

怡仁綜合醫院

協順工業

紫莉月子經紀

李興醫師

第五堂課：學團隊

怡仁綜合醫院

化劣勢為特色　老醫院新呈現

文／朱乙真　攝影／黃鼎翔

位於桃園楊梅的怡仁綜合醫院，
以服務地方鄉親的地區性醫院為定位開始營運，
走過近二十年歲月後漸呈老態，
加上周邊大型教學醫院相繼成立，處境更顯艱難。
2015年，不滿四十歲的年輕醫師李典穎帶領新團隊進駐怡仁，
從內到外全面改造，成為極具特色「山丘上的醫院」。

2015年1月，忙於臨床的李典穎醫師多了一個責任——帶領新團隊進駐怡仁，為山丘上的怡仁醫院注入新的靈魂；除了醫治病人的義務，也揹負起許多人的期望，成為管理數百人團隊的李院長。

「我從讀醫學院開始，就只專注在醫學專業領域，沒有任何行政工作經驗，被『丟』進怡仁，完全從零開始摸索，」李典穎苦笑著回憶五年前的那一天，從高速公路下了楊梅交流道，經過市區巷弄，然後是一段開車五分鐘、腳程慢的人要走十五分鐘的上坡路，才能抵達山丘上的怡仁醫院。

「第一次來，老實說，我有點……驚訝，怎麼會有一家醫院蓋在山上，前不著村後不著店？」李典穎說。

不只所處地理位置偏僻，這個將近二十歲、看不到未來和發展的地區醫院，在周邊大型教學醫院相繼成立後，正面臨危急存亡之秋。

李典穎接手後該怎麼辦？如何為龍鍾老態的醫院注入新生命？這個問題成為他眼前最嚴峻的挑戰。

雖然佇立在山丘上，位置偏僻，怡仁綜合醫院卻化劣勢為優勢，塑造「山丘上的醫院」的精緻形象（圖／怡仁綜合醫院提供）。

從零開始，各國學習之旅找出典範

從零開始摸索未必是壞事。李典穎沒有任何包袱，反而能把自己在大醫院當小醫師時遇到的醫療體制困境，在怡仁醫院翻新改造，實踐他多年來認為醫療應該要有的樣子：看「病人」，而不是看「病」。

李典穎把自己當成一塊海綿，前往各國觀摩學習醫院管理的專業知識。譬如拜訪新加坡百匯（Parkway）醫療集團旗下的私人醫院、到泰國考察觀光醫療、遠赴美國紐約哥倫比亞大學醫院學習如何建置腫瘤科，再前往明尼蘇達州的梅約診所（Mayo

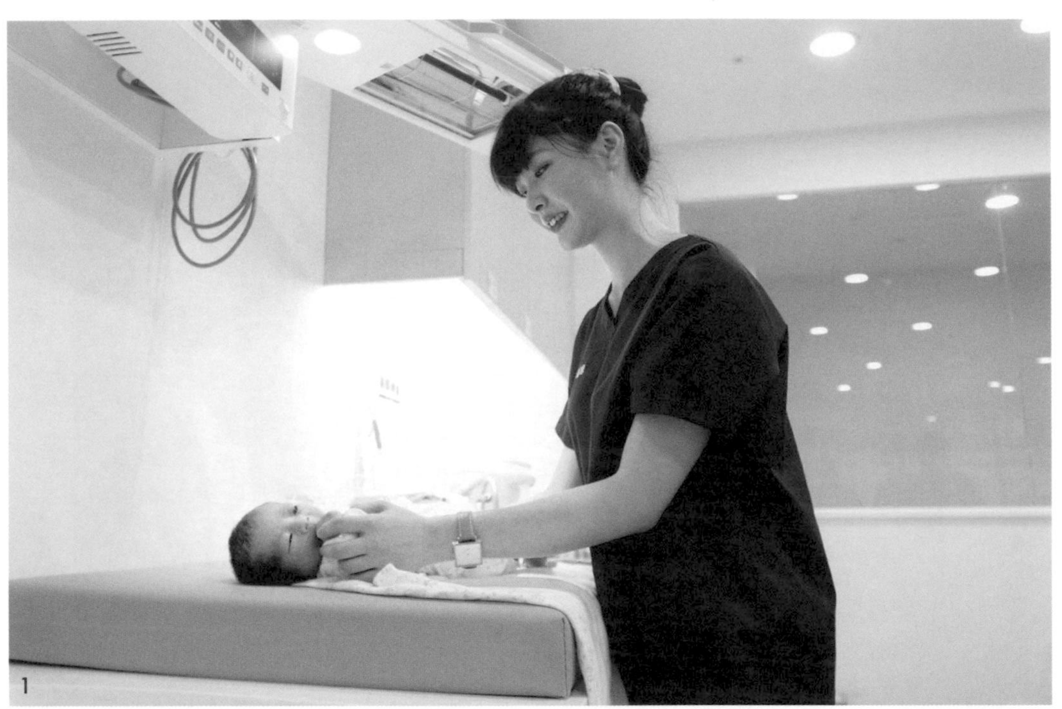
1

2

Clinic）考察。

梅約診所於一百五十多年前在明尼蘇達州羅徹斯特鎮從一家小型診所起家，現在已經是全美排名第一的最佳醫院，每年約有兩百萬名病人從世界各地到梅約，為疑難雜症尋求解方。

「站在梅約診所前，我突然覺得很震撼，這不就是怡仁可以變成的模樣嗎？」梅約和怡仁的地理位置都不在大城市，梅約所在的小鎮只有十萬人，比怡仁所在的楊梅人口數十七萬人還要少，李典穎說：「如果梅約能從一家小小的地區型醫院成為美國No.1，我相信怡仁也可以！」

讓怡仁成為台灣的梅約

回到台灣，李典穎上任提出的第一個願景，就是「讓怡仁成為台灣的梅約診所」，他將梅約的核心價值「The Needs of the Patient Come First」（以病人的需求為優先）帶進怡仁，強調每一位工作人員，無論是醫師、護理師、掛號櫃檯人員、行政人員，都要以行動來實踐這個目標。

接著他以精品（boutique）概念重新定位怡仁醫院，將便利性不足、位在山丘上、醫院腹地不大的劣勢，翻轉為怡仁的獨有特色：座落月眉山腳下，環境優美，周圍環繞著一片綠海，一覽無遺的楊梅景觀，住院養病就像在度假飯店；門診人數不多，醫生反而更能專注聆聽、和病人對話，甚至有餘力關注每一個病人

1.2. 與禾馨攜手，打造禾馨怡仁婦幼中心，專業的服務（上圖）及溫馨的環境（下圖），受到準媽媽們的喜愛。

的病程發展。

全新樣貌的怡仁醫院於2015年4月誕生，重新打造企業標識、品牌標語、核心價值、策略、使命、願景。「山丘上的醫院」成了怡仁的另一個名稱，參考美國海軍醫院病人痊癒時會敲「希望之鐘」，醫護人員恭喜病人出院的理念，怡仁的企業形象以兩座橘色小山丘為主軸，設計為「希望山丘」（Hill of Hope）。

李典穎說：「希望從怡仁離開的病人，都能充滿新希望，這也是我當醫生的初心。」

大專科小綜合，轉型精品醫院

李典穎也明白，怡仁必須和市場做出區隔，才能在競爭激烈的醫療市場開拓新路。他將怡仁定位為「大專科小綜合」，逐漸將醫院轉型為具有特色專科型的地區醫院，並分別於2015年及2016年，成立尖端醫學影像中心、腫瘤治療中心，將癌症治療在地化，補足南桃園地區腫瘤治療的醫療缺口。

為了交出第一張成績單，李典穎以哥倫比亞大學醫學院腫瘤科為範本，建置腫瘤治療中心。他事必躬親，中心大小事宜全部自己來，包括結合在地客家元素的油桐花意象所設計的空間，內部搭配的植栽及暖色調木材選擇，並引進醫學中心等級的重裝備，邀請經驗豐富的腫瘤治療專家，也師法哥大醫學院腫瘤科的「整合醫療」概念，成立癌委會及癌症整合照護小組，在治療腫瘤的同時，關注病人的心理、營養與支持系統。

李典穎表示，重整後的怡仁癌症治療專業很快就做出好成績，目前每週都有近三十位癌症病人在這裡接受治療，患者對癌症中心的滿意度更高達九成。除了癌症治療外，初到怡仁時，李典穎發現院內婦幼中心占地廣大，卻因為少子化及醫院軟硬體跟不上時代，一個月只有兩、三個新生兒，他說：「我們有一間很大的育嬰房，裡面竟然都是空的！」

他坦言：「當時真的被婦幼中心卡住了，不知道如何是好。」直到有一次和醫學院同學閒聊，對方是主打精品路線的禾馨婦幼創辦人之一，李典穎想活化婦幼中心，禾馨想走出台北市，雙方一拍即合。

2017年「怡仁X禾馨」策略聯盟發揮品牌效應，婦幼中心產房供不應求，2019年底單月新生兒人數高達一百二十個，平均每月有九十至一百名寶寶在怡仁誕生。

但李典穎不以此自滿，他給自己設定「一年一中心」的目標，繼續前進。繼癌症中心、婦幼中心之後，看準3C產品普及與

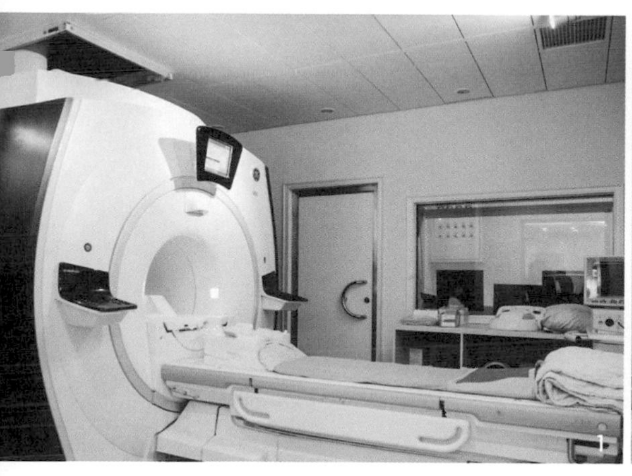

1. 怡仁綜合醫院成立尖端醫學影像中心，提供高科技醫療服務，圖為-1.5T磁振造影（MRI）儀器（圖／怡仁綜合醫院提供）。
2. 時尚的腫瘤治療中心，緩解病人對醫院冰冷形象的不安（圖／怡仁綜合醫院提供）。

怡仁綜合醫院經營理念

以美國梅約診所為標竿，
打造以病人及員工為中心的醫院。

高齡化時代來臨，眼科勢必成為未來醫療發展趨勢，2019年怡仁成立高端眼科中心，專攻幼童及青少年的角膜塑型片、老年人的老花雷射、水晶體更換。

為了改變楊梅地區家長「看眼睛去自家附近眼科診所就好」的就醫習慣，李典穎安排眼科醫師主動走入社區，到學校或鄰里進行衛教及視力檢查，此舉不但使怡仁眼科就醫人數成長明顯，患者的族群結構也有很大變化。

怡仁醫院同時積極投入醫療資源創新應用，營造出結合科技技術的醫療環境。譬如利用AI醫療影像分析、放射腫瘤資訊整合系統來輔助醫護精準判讀，也和仁寶、研華等科技大廠合作，透過大數據分析協助醫院進行精準管理，提升醫療人員工作效率及照護病人的品質。

為了讓醫護人員回歸專業，每個專科還設置「科經理」，由具有醫療管理專業背景的人才擔任，負責統籌與病人相關的行政事項和流程，讓醫師可以專注在醫療專業領域。但1977年次的李典穎認為，建置醫療中心、引進重裝備硬體、打造智慧化醫療環境等，其實都不是最困難的，他面對最大挑戰是：人、溝通。

以溝通與同理心，融合新舊團隊

李典穎回憶：在新團隊進駐前，原本在怡仁的醫師和工作團隊，每一個資歷都比他深、年紀比他大，身為資深醫師和前團隊眼中的「小毛頭」，在排資論輩的醫療環境中，不到四十歲的他要如何「當院長」？李典穎很清楚，自己一步沒踩好，整個醫療團隊可能就會因此崩盤。

於是，他先從同理心出發，想到自己當年在大醫院，最討厭聽到上位者講的四個字就是「共體時艱」。李典穎說：「長官最喜歡叫大家忍耐，共體時艱，我超級不以為然。」等自己成了「長官」，他首先打造友善的醫護工作環境，包括調整薪資福利、全面更新護理站、引進資訊化作業、裝潢護理人員宿舍；更重新打造醫師辦公室及休息室，擺上舒服的沙發、冰箱裡放滿冷飲、設置咖啡機，甚至還有一台按摩椅。

接下來，他花非常多時間和醫師及團隊溝通，一對一向資深醫師請益，設法度過磨合期；也建立每週一次的「光點平台」，顛覆top down（從上而下）的決策習慣。

李典穎說：「我當小醫生的年代，人家叫我做什麼我做就對了，也不用有什麼想法，反正沒人會聽；但我常常想，上位者真的知道第一線的需求是什麼嗎？」這樣的經驗，讓李典穎堅持在怡仁建立起bottom up（從下而上）的全新管理模式，用開放溝通平台，讓基層員工或臨床醫護提出想法，建立共同決策的過程，凝聚向心力以及對醫院的認同感。

在此同時，李典穎深知，要扭轉既有老派、傳統文化，團隊必須注入活水。他積極招募年輕醫師加入怡仁，「我只要聽到全台灣各地哪裡有優秀的年輕醫師，搭上高鐵、火車、飛機就跑去了，想辦法說服他們到怡仁來。」

因為他知道，很多在大醫院服務的年輕醫師，都充滿了對醫學的熱忱和想法，生存在龐大卻無法撼動的體制下實在可惜，而怡仁正好可以提供一個實現理想的舞台，李典穎說：「在怡仁，我們看的不是『病』，而是『病人』。」

從2015年接手經營至2020年，短短五年間，新團隊改造怡仁展現全新面貌，並交出漂亮的成績單，譬如自2017年開始，連續兩年獲得桃園市經發局頒發的績優卓越企業評比；2019年更一舉拿下金牌企業卓越獎中的「新人王」獎，這個獎項的獲獎資格正是「白手起家或自他人接手，二十至四十五歲間的公司組織實際經營者，且經營具有成效」。

回顧擔任「李院長」的第一個五年，他坦言阻力依然不少，醫師仍然是難以駕馭的一群人，而他還在繼續努力中。但對於未來李典穎充滿信心，因為新團隊愈來愈成熟，年輕醫師增加了，理念和想法也愈趨一致，他說：「柳暗花明又一村，我已經慢慢地在怡仁看到不一樣的氣象。」

怡仁綜合醫院小檔案

*

成　　立：1996年
員工人數：570人
營運項目：內科、外科、放腫科、婦產科、兒科、眼科及其他醫療服務
獲獎紀錄：2016年通過教學醫院評鑑合格、2017年桃園市績優企業卓越獎——服務品質卓越獎、2017年桃園市衛生局糖尿病照護品質照護率進步獎第一名、2018年桃園市績優企業卓越獎——創新智慧卓越獎、2019年衛生福利部醫療服務國際化推動計畫醫療機構會員、2019年通過衛生福利部健康醫院認證、2019年桃園市金牌企業卓越獎——新人王獎

第六堂課．．學變革

協順工業

翻轉電鍍業　打造新工藝

文／廖靜清　攝影／賴永祥

電鍍，是一項歷史最長、最廣泛使用的濕法沉積金屬塗層技術，
過去總和重金屬汙染聯想在一起，
如今卻在協順工業的創新翻轉下，變成無汙然的電鍍新工藝，
讓金屬物品閃耀光芒，
正如同這家成立近半世紀的企業，
至今依舊在領域中發光發熱。

位於平鎮工業區內的協順工業，最早發跡於台北縣樹林鎮浮洲橋下的一間豬舍，從名不見經傳的小工廠，一步一腳印發展成如今居於領導地位的「隱形冠軍」，靠的是專業與誠心。

董事長王正隆原本從事金融業，某次跟擔任電鍍工的當兵同僚聊起電鍍行業，認為商機無限，因此心生創業念頭，便辭去銀行的工作，借貸買進中古設備，踏出創業第一步。

從豬舍起家，拚出競爭力

創業起頭並不順利，因為租借廠房時，房東一聽到電鍍都斷然拒絕，因為這個產業總給人「髒」、「毒」的印象，許多人避之唯恐不及。最後，王正隆找到浮洲橋下一間廢棄豬舍當工廠，從親友們介紹的客源開始做起，慢慢成長。

所幸在開業第三年，就接到三陽工業的機車零件業務，這對協順來說不但是一劑強心針，也至此打響公司知名度，開始在業界嶄露頭角。

王正隆回憶：當時三陽工業參訪協順時，不敢相信眼前這棟

乾淨廠區竟是由廢棄豬舍改建而成，打從心裡佩服協順的實力。爾後，協順出廠的電鍍零件品質優異，不易生鏽氧化，更是憑實力證明了「英雄不怕出身低」的亙古名言，而王正隆克服環境問題、持續深耕專業技術的精神，也帶領協順工業慢慢在國內占有一席之地。

之後，協順陸續添購高價的西德Fischer膜厚計，精準控制電鍍品質，是當時就連在國內電鍍大廠中，都少見的昂貴儀器，足見王正隆為提升品質所付出的用心和企圖心。

正因如此，在國產車、進口車數量倍增時，許多汽車大廠都委由協順電鍍零件，即使如汽車加油管內部這種高難度需求，協順也能滿足客戶。

近年來，協順正值茁壯成長期，陸續購置新莊、平鎮工業區的廠房，看準桃園產業經濟起飛以及各項軟硬體優勢，廠區重心逐漸移到平鎮廠房。如今，協順工業的產線都設置於平鎮，並轉型為全自動電鍍廠，朝無毒、環保、高效方向邁進。

電鍍也是種工藝，廠區變身時尚工作區

走進協順工業大門，迎面而來的是一台貴氣逼人、價值非凡的杜卡迪（Ducati）經典重型機車，這是協順總經理王振洲的愛車，也是協順重要客戶的經典產品。

除了經典重機十分吸睛之外，初到的訪客也常驚訝地說：「這是電鍍工廠？怎麼看起來像是科技公司？」廠區環境整潔、寬敞明亮，讓人心生好感，和傳統印象中的電鍍廠截然不同。

眼前的嶄新廠房，融入環境政策、職工安全衛生，是第二代

接班人王振洲的創意思維，他持續導入新技術，甚至發想製作創意影片，藉此宣傳協順廠區已完全擺脫惡劣的工作環境、令人作嘔的化學氣味，翻轉一般人對電鍍業的負面評價。

王振洲的野心不只如此，他還想將電鍍與精緻工藝畫上等號，提升產業價值。「電鍍就像金屬產品的化妝師！」王振洲解釋產業核心精神，「經過電鍍之後，零件的質感、實用性大幅提升，就像是從路邊攤商品變身為專櫃精品。」

事實上，電鍍（electroplating）是在基材上鍍金屬鍍層，改變表面性質，增強抗腐蝕性、硬度、磨耗，提高導電性、光滑性、反光性、耐熱性和表面美觀，增加產品的高級質感和實用性。其運用範圍廣泛，尤其是汽車產業，車體都會採用大量鍍鉻來提升質感。

目前全球知名汽機車品牌業者，車上精緻、高質感的表面電鍍處理，有許多都是來自協順工業畫龍點睛的得意之作。

將挫折化為茁壯養分

比起許多企業家第二代擁有光鮮亮麗的學經歷，王振洲謙虛地說，自己年輕時不愛讀書，連大學都沒有考上就直接去當兵，在軍艦上擔任最基層、工作環境最艱困的輪機兵、鍋爐兵，但他把吃苦當作吃補，因為父親總是勉勵：「別人能做到的，你也可以做，不然辛苦的事情誰來擔？」

1. 環安課課長操作廢水處理廠的設備控制面板，避免廢水直接排入河川。
2. 電鍍製程中會產生大量廢水，協順工業設置廢水處理廠妥善處理，不會造成汙染。

經過電鍍後的零件，不但質感大幅提升，也會增加實用性。

退伍後，王振洲因緣際會前往日本讀書和工作，一待就是十年，他學的是機械，一路讀到機械研究所，畢業後留在日本工作，在企業裡學到踏實面對問題，並積極處理的態度和精神。

王振洲回憶：「在日本工作時，我曾經參與開發電鍍藥水專案，也負責銷售藥水給電鍍廠，慢慢累積企業營運、業務推廣和產品開發等經驗，原本想長期留在日本發展，但因父親年事已高，不得不考慮回台灣幫忙，繼承家業。」

年輕人接掌家業看似令人欽羡，其實並不容易，除了守成，還要力求突破。

王振洲想起父親曾經告訴過他，剛創業時，有一次客戶要求在汽車加油管內管進行電鍍處理，當時全台灣業者都沒有這種技術，就連藥水和材料也都得從日本、歐洲進口。王振洲說：「當時父親親自前往日本尋找電鍍廠合作，連續兩次都被拒於門外，直到第三次拜訪，對方才願意以技術交流和授權方式，讓協順引進技術。」

王正隆將這些挫折和被拒絕的經驗分享給王振洲，成為他帶領企業前進、轉型突破的養分，王振洲更是常常警惕自己，一定要做得比日本好，不要被看不起。

2011年回到台灣後，王振洲從基層做起，跟在父親身邊，向公司前輩學習，累積數年經驗之後，才有機會接觸經營和業務方面的工作。

初期，王振洲常常到海外廠（包括越南廠、印尼廠、大陸無錫廠和福州廠）了解營運狀況，並協助解決問題。由於曾在日本工作、會講日語，溝通起來順暢有效率，協順在日本的業務推廣也愈來愈順利。

至於王正隆，眼見兒子逐步熟悉公司營運，也有很多創新思維和做法，他放心正式交棒，退到幕後提供協助。

二代接班，求創新卻不求速成

對於王振洲來說，他雖然創意滿滿，卻不急著衝撞體制，進行大幅度改變，而是凡事多看多聽，在守成和改革之間，走得謹慎踏實。

協順工業經營理念

翻轉電鍍廠的刻板印象，
從細節中建立高品質形象。

「公司裡有許多員工的資歷比我還深，」王振洲透過各種場合向核心幹部、基層員工說明未來營運藍圖，先取得主管們的支持和體諒，再逐步推動改善工廠作業流程、整頓廠區環境、投資新儀器設備，以及表面處理業最為人詬病的廢水處理問題。

王振洲進一步說明，有人說電鍍業是良心事業，企業有沒有良心，只有自己知道，因為電鍍在製程中常會產生大量廢水，有些無良廠商為了降低成本，廢水不經過處理廠就直接排入附近河川，造成高度汙染，也嚴重影響生態環境。

為了扭轉電鍍工廠給社會大眾的既定形象，也為了保障員工健康，王振洲推動工廠作業流程和環境改革，承襲王正隆董事長的環保初心，從環境做起，拓展到員工身上，形成良善循環。王振洲說：「我們努力打造一個讓員工有榮譽感、認同感和成就感的『三感』企業。」

重視企業社會責任，增加競爭力

王振洲多管齊下的改善措施，逐漸促使產業翻轉、環安升級。他更提出具體目標，讓傳統電鍍業工作職場的3K（髒亂、危險、辛苦）變成3C（乾淨、有發展性、有競爭力），並徹底落實5S（整理、整頓、清掃、清潔、教養）作業，提供員工一個乾淨、明亮、安全的工作環境，藉此提升年輕人投入電鍍產業的意願，達到傳統產業年輕化的目標。

因此，走進協順偌大的廠區，沒有吵雜喧嘩、轟隆巨響的機器運轉聲，取而代之的是飄盪在空氣中的樂曲。

被員工笑稱為「點子王」的王振洲，還替員工量身訂做套裝，屏除傳統電鍍業常見的青蛙裝，就連出貨、開車的駕駛人員，衣著也都乾淨整齊，因為他堅信：「只有尊重自己的職業和工作，別人才會尊重你的專業。」

王振洲強調：「我們希望每位員工都能將5S內化成觀念、放在心裡。不是有人檢查才開始打掃和施行，而是落實在日常運作中，每天都維持這樣的狀態。」為了達到這個目標，王振洲笑稱自己用了一個很笨的方式：製作小卡片發給員工，讓他們把卡片放在衣服口袋裡，隨時拿起來看、記在心裡，久而久之潛移默化成心法。

「而公司內部大力推行的環境優化改變，雖然不見得立刻提升營業額或看到實質獲利，卻能強化企業競爭力，」王振洲分析，好的工作環境、人性化管理，可以吸引優秀的年輕人，增加員工認同感、榮譽感和向心力；國內外客戶看到團隊向心力強、重視產品品質，也能放心交付任務。

協順甚至喊出「發展電鍍文化、維護青山綠水」的口號，並身體力行，以ISO 14001為基準，建立環境管理系統、製程水回收率達到75%、全面導入清潔生產、減廢減量，全面採用綠色製程，減少對環境的汙染和衝擊。

打造企業新氣象，提升員工士氣

第一代王正隆經營時，協順強調穩健經營、低調樸實，如今交棒到第二代王振洲手中，除了持續發酵這些優良特質，更要同步經營「協順工業」這個品牌，讓產業為了升級轉型所做的努力和價值，得以被大眾看見。

另一方面，協順也嘗試探索新領域，譬如申請AS9100航太認證。王振洲笑說：「我希望工作像遊戲一樣好玩，凡事都挑戰看看，盡力嘗試，雖然公司沒有真正跨足航太科技產業的計畫，但如果產品和技術水準被證實足以達到高標準的航太產業，那運用在汽車高端精品領域就更沒有問題了。」

從傳統走向創新，從老舊走向明亮，協順工業已逐步交出漂亮的成績單。

展望未來，王振洲信心十足地說：「傳統產業也可以翻轉成為吸引年輕人加入的幸福企業，扭轉一般人對電鍍業的刻板印象是我的堅持和理想，未來一定會更好。」

協順工業小檔案

＊

成　　立：1972年

資 本 額：1.225億元

員工人數：110～130人（平鎮及新莊）

營運項目：金屬表面處理業，包括鋅電鍍、鋅鎳合金電鍍、鋅鐵合金電鍍、電著塗裝、磷酸鋅／磷酸錳／錫鋅合金電鍍、鎳鉻電鍍、硬鉻電鍍

獲獎紀錄：2019年國家職業安全衛生獎

第七堂課：學挑戰

紫莉月子經紀

江西姑娘異鄉打拚 掌握孕護商機

文／朱乙真 攝影／黃鼎翔

江西姑娘黃騏蔓，二十六歲為愛遠嫁台灣，
產後坐月子時見識到台灣的月子文化，進而看到機會，
引進保險經紀概念，以「月子經紀」創造龐大商機。
2019年轉型為孕護管家，
主打「生小孩妳來，其他交給我們吧！」理念，
開創產業新藍海。

清晨五點半，天色微亮，桃園蘆竹交流道附近一處工業區旁的紫莉中央廚房已經燈火通明，冒出裊裊白煙，濃郁的食物香氣隨著白煙飄散，和四周依然寂靜的倉庫廠房形成強烈對比。

一個小時後，五輛送餐車載送熱騰騰的月子餐出發，往北送到大台北，往南則到新竹地區。送餐車隊每天早、午、晚餐運送三次，服務上百位正在坐月子的媽媽。每隔一、兩天，還要把冷凍餐點送到物流公司，宅配到餐車送不到的地方，譬如屏東、花蓮、外島。

這是遠從江西嫁到台灣的黃騏蔓，看準「孕護經濟」，在台灣落地生根十八年後，一手打造出的紫色王國。

從新手媽媽變成商場女強人，黃騏蔓怎麼辦到的？

親身體驗台灣坐月子文化，因興趣跨進產業

時間回到2003年。黃騏蔓原本在上海工作，因為認識台幹先生而嫁到台灣，2003年生完女兒產後坐月子，見識到台灣的坐月子文化，驚為天人。

「以前在中國，看到嫂嫂坐月子，都是媽媽負責煮給她吃，坐完月子以後胖了十幾公斤，還被誇獎月子坐得真好。」黃騏蔓說，自己生了小孩後，才發現台灣坐月子超講究，不只有專門的月子中心，還有各種調理機構、送月子餐的公司；而台灣人所謂「月子坐得好」，原來著重在媽媽恢復身材，而非坐完月子卻胖了一圈。

第一次坐月子，黃騏蔓選擇台灣老字號、標榜循傳統古法的月子餐。沒想到餐才送來兩天，她就發現大事不妙。

黃騏蔓說：「早餐、午餐各一碗豬肝，晚上一碗魚湯，每天都一樣，我吃兩天就膩了，毫無胃口。」過了四、五天，看著冰箱堆滿沒吃但還是天天送來的月子餐，黃騏蔓萌生退餐念頭，卻被違約金嚇到了；撐了十幾天，還是決定賠錢了事。

後來月子公司打電話追蹤退訂原因，黃騏蔓一口氣把月子餐不可口、業務服務很差等感想據實以告，最後索性向公司毛遂自薦：「我可不可以到你們公司上班？」電話一掛上，黃騏蔓馬上把嬰兒託給鄰居，坐著計程車到月子餐公司面試；女兒七個月大時，就誤打誤撞進入月子餐產業。

不服輸又叛逆，大陸妹變身超強業務員

回想當時才剛到台灣一年，人生地不熟，一句台語都聽不懂，怎麼做業務、跑生意？「我就傻傻地守在婦產科醫院，常常一待就是一整天，」黃騏蔓說，當時最常遇到的狀況就是，大家看到她手拿DM（傳單），像躲瘟疫一樣閃躲，或是在她面前把順手接過的DM丟進垃圾桶。還有人一聽她開口說話，發現口音不

1. 紫莉月子經紀的中央廚房品管十分嚴格。
2. 餐車隊每天定時出發，為媽媽們送上現做餐點。

對，很不客氣地說：「大陸妹來這裡做什麼！」

問她被這樣對待心裡會不會很受傷？「一點也不會！」黃騏蔓說，她從小叛逆又不服輸，喜歡接受挑戰，「我會把被丟掉的DM撿起來拍一拍，再整理一下。欸，DM也要錢耶！」她爽朗地笑談當年：「我告訴自己，臉皮厚一點就好，明天再去。」

還好那個年代的台灣，出生率高，生意不難做，靠著真誠和「好笑神」，黃騏蔓很快締造出驚人業績，七年內從基層業務員，變成擁有百萬年薪的top sales。儘管成為超強業務，但工作內容每天都一樣，黃騏蔓開始問自己：「每天辦講座、媽媽教室，是我想要的嗎？人生還可以有什麼不同？」

累積多年業務經驗，黃騏蔓發現很多準媽媽在產前，還得挺著大肚子四處參加媽媽教室蒐集資訊和試吃，她心想：「為什麼不能有一個類似保險經紀的服務，由專門的人來處理這些瑣事，讓準媽媽安心待產就好呢？」

而一般傳統月子餐，媽媽只能有「要訂」或「不要訂」的是非題，殊不知媽媽產前千挑萬選的月子餐，常常因為產後荷爾蒙改變，口感不合，最後全部堆在冰箱裡。黃騏蔓心目中的月子餐應該是選擇題：可以單選一家，或是複選搭配好幾家。

百萬創業備嘗艱辛，屢敗屢戰不放棄

2011年，黃騏蔓解約女兒的保單拿到三十萬元，又賣掉和妹妹在中國大陸合購的房子，再加上投資前東家的三十萬，湊足了一百萬元，成立紫莉月子經紀，開始她的創業之路。

「月子經紀」在當時是一個全新的服務模式，黃騏蔓代理多家月子餐公司，針對準媽媽不同的預算、口味、需求，量身規劃，選擇、搭配不同公司的月子餐，不用怕吃膩，退餐更不收違約金，還附帶哺乳課程、乳房護理、綁腹帶教學、產後塑身等服務，一網打盡媽媽產後煩惱大小事，提供全方位服務。

儘管如此，要從頭解釋這樣的服務概念，讓客群接受進而認同，過程比想像中更辛苦，黃騏蔓說：「幾乎每一個準媽媽的直覺反應都是：透過妳訂餐還比較貴，為什麼我要多花錢？」

創業第一年只做了二十萬元業績，連收支都無法打平。屋漏偏逢連夜雨，一間代理廠商的月子餐出問題，紫莉遭受池魚之殃，訂單全受影響，一下子就把黃騏蔓給擊垮了，當時她戶頭裡的存款只剩一萬多元，不但下個月店租沒著落，就連兩個女兒的營養午餐費也不知道在哪裡。

黃騏蔓狼狽地退租，連夜將辦公室搬回自家客廳，開始兩年在家裡辦公的生活。那段時間分別就讀小學和幼兒園的兩個女兒，放學回家只能關在房間裡，免得吵媽媽和叔叔、阿姨工作，孩子常常問她：「媽咪，什麼時候妳才要搬出去？」

她一度以為自己要失敗了。處於茫然、落魄的時候，黃騏蔓就拿五百元跑到行天宮地下道算米卦，命理師總是告訴她：「撐一下，兩、三年過了就會撥雲見日。」有一次月底付不出貨款，黃騏蔓抱著道別的心態再去卜卦，命理師竟然跟她要企劃書，想投資紫莉，「我當然沒跟他借錢，但對我來說，他的話就像一顆大力丸，很令人振奮！」

關關難過關關過，因為準媽媽們口耳相傳，紫莉的業績在創業隔年開始翻倍上揚，加上拿到經濟部婦女創業飛雁計畫貸款，黃騏蔓創業之路總算如命理師說的「撥雲見日」，愈走愈順。

自創有機月子餐品牌，做出市場區隔

代理月子餐的過程中，黃騏蔓還發現：絕大多數的月子餐依然不脫傳統滋補路線，或是以家庭式經營為主，專業性不足，很多人自認：「反正我的手藝已經幫家裡好幾個媳婦坐過好多次月子，親朋好友也誇獎我的月子餐很好吃。」有的供餐廠商則是好不容易採用陶瓷碗，碗蓋卻是用遇油便有溶出塑化劑疑慮的PP塑膠蓋。此外，受少子化影響，很多媽媽願意花更多錢訂購有機、精緻化的月子餐，卻少有廠商可以滿足這樣的市場需求。

2014年，黃騏蔓再度迎向創業新挑戰：成立中央廚房，開創有機月子餐品牌「津田生機」。有了自己的品牌，黃騏蔓總算可以實現對月子餐的各種理想，除了標榜創意養生料理、TAF國家

根據個人體質量身打造的有機月子餐，讓媽媽們邊坐月子邊調理身體。

認證有機蔬菜、無毒豬肝，就連餐具也使用瓷碗、瓷蓋和304不鏽鋼材質。

黃騏蔓更發想各種新點子，譬如以前當業務時，曾遇到有媽媽反應吃了月子餐後引發蕁麻疹，她當時百思不得其解，後來才知道是對方對酒精過敏。於是黃騏蔓顛覆傳統，不再使用米酒水、月子水燉煮補湯，而是改以蔬果、雞骨加上獨特配方，熬煮九個小時完成的無酒高湯。

她又想到：月子餐大多只採用同一套中藥，有些媽媽吃了會變瘦，有些媽媽則反而水腫；或是花大錢訂頂級月子餐，吃完之後氣色還是不好。因此，黃騏蔓開始客製化，設計體質檢測系統，根據每位媽媽的體質，量身規劃不同的進補調養，乳汁不夠的就增加發奶藥膳，水腫體質就多喝紅豆水；至於因為糖尿病、

紫莉月子經紀經營理念

首創全台唯一的月子經紀創新服務模式，針對孕產婦提供量身配套服務，將月子餐的選擇從「是非題」變成「選擇題」。

高血壓、甲狀腺亢進、肌瘤、腺瘤等症狀，而需注意的各種飲食禁忌，也都會在每位媽媽的月子餐中調整。

因為看見消費者痛點，挑戰市場傳統模式，靠著媽媽們「呷好逗相報」的口碑行銷，加上積極參加全台各地嬰幼展，紫莉漸漸打開知名度。在月子產業打拚近九年，黃騏蔓已經服務過上萬位媽媽，就像替上萬位媽媽坐過月子，更是上萬個老師教她如何在處理各種疑難雜症中，一步一腳印累積實戰經驗和智慧。

勇於迎接挑戰，轉型搶攻孕護經濟市場

紫莉在2015年成為桃園市亮點企業之一。當時在發表會上，桃園市長鄭文燦就曾提到：創業者的共同特質是「敢夢想、敢冒險、勇於創新；需要夢想和創意，更需要持續不斷的努力。」這番談話給了黃騏蔓更多向前衝的勇氣。

她繼續前進、投入資金，以桃園蘆竹為基地，將事業版圖擴大至八百多坪，轉型月子經紀成為全方位孕護管家，打造全台灣第一個與懷孕相關的觀光體驗工廠，加入孕期負重、分娩陣痛等體驗，搶攻「孕護經濟」市場。

其中，分娩陣痛體驗是藉由模擬分娩時的陣痛感受，讓體驗者感受到生小孩的辛苦，就連人氣YouTuber蔡阿嘎都曾自費前往紫莉體驗，並在2020年母親節前夕，上傳一支「體驗生小孩有多痛」的影片，不到一個星期點閱率破百萬。

多年來累積的創業成果，黃騏蔓歸功於她服務過的數千位媽媽老師。因為擔任月子經紀時，最常遇到準媽媽來試吃月子餐，沒吃兩口就哭了，一問之下，絕大多數和不體貼的「豬隊友」有

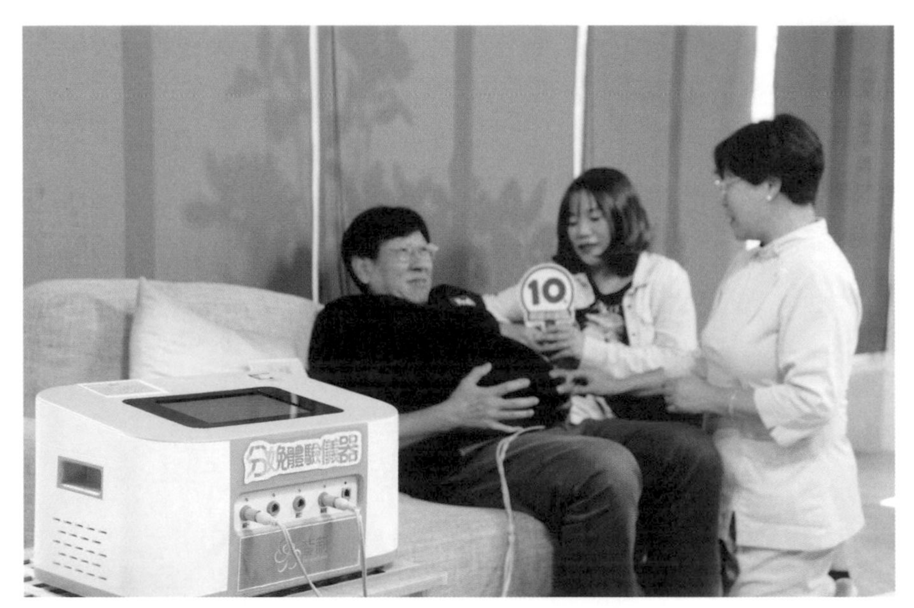

紫莉首創全台第一個分娩陣痛體驗，讓男士們也能感受孕媽媽的辛苦。

關：有些老公覺得生小孩很簡單，沒什麼了不起；有些整天打電動、跟朋友出去玩；有些忙著賺錢，半個月見不到一次面；有些會責怪太太訂的月子餐太貴。這些狀況都讓媽媽們感覺，從懷孕到產後彷彿都在單打獨鬥，不少夫妻甚至坐完月子後就離婚了。

黃騏蔓還曾經遇過產後憂鬱的新手媽媽哭訴說：產後沒幾天，先生就和朋友出去玩了，留她獨自照顧新生兒，精神、情緒都很差，「很想拿保鮮膜悶死自己。」讓黃騏蔓聽了又氣又心疼，立刻把手邊事情全部排開，留下來當臨時保母，讓憂鬱的媽媽可以喘口氣。

也因為如此，加深了黃騏蔓轉型的想法：「讓爸爸們體驗一下生孩子、照顧新生兒的辛苦，媽媽們也會有情緒出口。」而轉型成功的紫莉，角逐2019年桃園市金牌企業卓越獎，成功拿下「新人王」獎項。

創業九年，黃騏蔓總算逐步看到美麗的風景，從戶頭剩不到兩萬元的窘境，如今紫莉2019年營收已經達到三千萬元，江西姑娘在台灣闖出月子產業新藍海，「當你專注在一件事情的時候，奇蹟就會發生，」黃騏蔓對她的創業奇幻之旅做出這樣的注解。

紫莉月子經紀小檔案

*

成　　立：2011年

資 本 額：1,700萬元

員工人數：29人

營運項目：津田生機頂級創意料理（頂級月子餐、養胎餐、哺乳餐、術後餐、小產調理餐、創意養生餐、經痛舒緩調理餐）。紫莉學苑提供孕體驗館（分娩陣痛／妊娠負重／電子娃娃照護）、小小孩體驗營（育嬰師／廚藝師／繪畫師）、寶寶漂浮游泳&SPA。紫莉幸孕莊園提供場地租用、饗宴料理聚餐及預約用餐

獲獎紀錄：2013年勞動部微型企業創業楷模獎、2014～2015年桃園市亮點企業、2015年桃園市政府SBIR計畫創新研發補助、2016年桃園市績優企業——青年創業卓越獎、2019年桃園市金牌企業卓越獎——新人王獎、2019年桃園市政府SBIR計畫創新得獎、2020年桃園地區第1屆亮點品牌國際輸出潛力獎

提供善與美的工作環境

創建幸福企業

安全優質的工作環境、福利措施，
能凝聚員工的認同感與向心力，
轉化成推動公司往正向發展的關鍵要素。
他們的故事證明：
企業的核心競爭力在於人不是一句口號，
而是落實在日常生活的具體行動。

技嘉科技

杏一醫療用品

台益豐

第八堂課：學留才

技嘉科技

經營得當　員工就幸福

文／陳玉鳳　圖／技嘉科技提供

**技嘉科技著重科技創新，認為人才是讓公司持續進步的重要關鍵，
如何找到、留下對的人，並創造能讓人才盡情發揮的環境，
攸關公司競爭力。
技嘉董事長葉培城認為：「幸福企業」就是讓員工無後顧之憂，
前提是公司經營得當，人才可以得到合理報酬及照顧，
員工自然會產生認同感和向心力。**

誕生於一九八〇年代，技嘉科技經歷了台灣電子產業的風起雲湧及幾度變遷，屹立至今三十餘年，且表現愈來愈好。關鍵原因來自經營者精準抓住產業趨勢並勇敢轉型，而在這不斷挑戰自我的過程中，「人才」是決定公司命運的重要力量，為了吸引好人才，打造「幸福企業」，一直是技嘉科技信奉的圭臬。

「對於幸福企業，我沒有太高深的想法，只想讓員工沒有後顧之憂，只要員工上班時不必為其他事煩惱，自然就能為工作盡心盡力了。」技嘉科技董事長葉培城用簡單的幾句話直指核心，他說：「上班難免會有壓力，然而如果同仁覺得自己的付出是值得的，相信工作起來也比較帶勁和快樂，這是幸福企業的另一個條件。」

營收穩定，讓員工無後顧之憂

「讓員工沒有後顧之憂、覺得自己的付出是值得的」，要達成這兩項目標的前提就是公司必須賺錢。葉培城強調：「這聽起來很現實，但如果公司獲利欠佳，連基本保障都無法提供給員

工，就不用多談對員工的其他照顧了。」技嘉承諾提供員工公平的薪資，建立固定績效檢核流程與薪資訂定標準，不但讓員工薪資符合基本法規要求，甚至優於當地薪資水準。

而一路走來，技嘉的經營表現也十分穩定，2019年營收更創下歷史新高，累計全年合併營收新台幣618.15億元，較2018年成長1.44%。業務範圍更擴及中國、歐洲、美洲、亞洲、中東、南非、紐澳等全球超過87個城市。

回顧當年創業，葉培城說，技嘉是從一片主機板開始的。1986那年，二十七歲的他與幾位同樣畢業於明新工專的同學集資七十萬元，一起在台北縣新店市（即今新北市新店區）創辦了技嘉科技，沒想到第一年就創造出四千萬元的營業額。

歷經三十餘年的成長，技嘉科技目前已是全球第二大主機板廠商，市占率約為15%；在顯示卡市場上，技嘉出貨量更是排名全球第三。

大膽放權，讓出空間給新思維

從主機板逐步拓展到顯示卡、電腦周邊、筆電、儲存裝置和伺服器等，技嘉事業版圖愈來愈大，隨著跨足領域及產品應用的多樣化，需要的人才也日益多元。葉培城說：「我總是時時提醒自己，必須用新思維來對待不同領域的人才，否則就算找來優秀人才也無法讓其好好發揮，對公司、對人才本身都是浪費。」

「人往往會被過去的成功經驗所限制，我們這一代雖然創辦公司，對傳統個人電腦市場很熟悉，但是PC以外的領域，譬如新產品、市場趨勢，就需要有新思維進來，」葉培城以技嘉進軍電競市場為例：「不同通路、不同事業，當然需要不同的人來經營，畢竟會賣傳統PC板卡，不一定會賣電競產品。」

2014年開始，技嘉進軍電競領域，成立AORUS電競次品牌，除了主機板及顯示卡外，AORUS也發展電競鍵盤、電競筆電、電競滑鼠等周邊產品。2017年，技嘉更大幅改組事業體，將原有主機板業務及顯示卡業務整合為技嘉電競周邊事業群。

技嘉大動作的組織調整，宣示了對於電競事業的企圖心。為了進軍電競市場，葉培城要求同仁必須摸清電競玩家的喜好及消費屬性，所有同仁都要學會打電動，而且因為是工作需求，所以上班時間打電動很OK。

掌握新趨勢，啟動創新變革

PC產業走過數十年歷史，如今已與當初大不相同，隨著社會變遷，各種新趨勢不斷出現，跨足電競市場已是許多科技業者的轉型方向。除了電競之外，技嘉也積極掌握任何值得發揮的新趨勢，包括雲端與AI人工智慧、5G應用等，都是持續瞄準的新方向。

葉培城進一步說明：「5G時代來臨，帶領世界走向AI與高速雲端時代，技嘉的高速AI雲端伺服器產品，可以大舉應用在人工智慧運算、超融合運算、大數據存儲服務、多媒體軟體開發設計及企業內部IT架構等領域。」

技嘉近年來也加速投入伺服器事業，2018年營收更一舉突破百億大關，被葉培城視為公司營運成長主軸之一，加上今年全球陸續啟動5G服務，未來高速運算伺服器及邊緣運算的發展，將是市場主流。

2018年技嘉科技家庭日活動，邀請員工及眷屬共度輕鬆休閒的一天。

此外，技嘉大舉開拓全新行銷模式；以前產品銷售著重傳統通路，近年來則強化線上銷售，將營運模式擴展至B2B2C（企業對企業對消費者），除了強化原有代理商通路行銷外，將順勢與電商合作，運用電商平台拓展銷售與導購。

寬容式領導，允許同仁犯錯

從產品方向到銷售模式，技嘉的變革陸續啟動，為了走對轉型的路，葉培城大膽放權，讓適合的人做適合的事，但同時也給

技嘉科技重視人才，提供許多福利措施讓員工職場外的生活也能順心稱意。

為進軍電競領域，技嘉科技推出AORUS電競次品牌，圖為AORUS 17X。

員工犯錯的空間。

「給大家嘗試的空間，這樣才不會繃得很緊，有更多時間可以去思考別的事情，」葉培城強調，科技產業的未來發展需要更多創意，「這個產業很活潑、很多樣化，要有相當的創意才能做得好，如果公司採用太過嚴厲、封閉的管理方式，相信一定會封殺掉許多創意。」

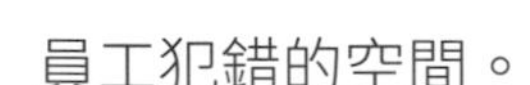

雖然如此，技嘉依然重視業績目標的訂定和追蹤，但在這個「幸福企業」中，如果一時沒有達到目標，管理方式傾向提醒、建議，警惕員工必須認真對待問題所在，並不會一味嚴厲要求及

苛責。

「我不兇，不會高高在上，因為我希望技嘉是一個大家庭，同仁就是我的家人，大家各司其職，能夠在自己的崗位上貢獻專長，」葉培城不走威權風格，是一位有親和力的領導人，他的領導方式是讓員工自然而然產生向心力、認同感，把技嘉當成自己的公司，秉持創業精神，對工作全力以赴。

葉培城的領導風格之所以偏向寬容，他認為或許與自己的養成教育有關。「我的父親對子女教育採取比較包容的方式，不會很嚴厲地要求孩子達到一個很高的目標，而是讓孩子多方嘗試和摸索，即使可能在成長路上一路碰撞，」葉培城說。

提供進修資源，養成新戰力

而在親和寬容的管理風格中，葉培城也充滿智慧，雖願意放權，但並不是不聞不問，他常常提點公司主管：「不要害怕讓屬下去碰撞、去嘗試、去學習，這都是應該的，但要注意別讓同仁撞暈了、撞癱了，身為主管，你得在旁邊看著。」

正因為強調「看著」，技嘉從旁全力扶植員工成長，讓員工擁有足以因應未來挑戰的新知識、新技能及更強的戰力。

除了穩健擴展的業務和掌握新趨勢，可以為員工帶來多方挑戰之外，公司也針對不同職等、需求的同仁提供最適切的教育訓練，還開設多元的學習管道，例如技嘉G-Learning平台，打破時間與空間限制；並有內部講師的培訓與開課，可以有效傳遞貼近組織和同仁職涯規劃的知識。

值得一提的，語言及國際移動能力等軟實力，被列為技嘉員

技嘉科技經營理念

讓同仁沒有後顧之憂，
工作就能盡心盡力。

工的核心能力之一，因此公司特別提供語言訓練資源及補助方案。「我們盡全力打造富有成長及發展性的職場，這是激發員工動力及能力的最好孵化器，也是維持公司健康茁壯不可或缺的因素，」葉培城說。

職場之外的生活，公司也顧周全

「找到對的人才、留下優秀人才、創造讓人才可以好好發揮的環境，就是這麼簡單，沒有太高深的學問，」葉培城的用人之道看似容易，但背後卻有著嚴謹精細的步驟與完善規劃。

首先，技嘉設計透明公開的招募計畫，蒐羅優秀人才；找到人才後，提供完善的薪資和福利制度，給予人才基本尊重和愛護；接下來則打造安全友善的職場環境與文化，讓技嘉員工完全發揮潛能。

為了讓員工沒有後顧之憂，技嘉提供許多福利措施，好讓員工的職場外生活也能順心稱意。

譬如，技嘉員工的年齡大多分布於二十至五十歲，正是經營家庭與親子關係的重要階段，因此，除了依法提供同仁停薪育嬰假等權利，也積極透過結婚及生育補助金、獎學金等福利，協助員工建立幸福的家庭生活，更在公司環境中設置母性親善措施及廠區哺乳室，讓女性員工工作之餘也能扮演好媽媽的角色。

技嘉職工聯合福利委員也會定期與各家廠商合作，提供員工最優惠和健康的商品，並與在地農家合作直產直銷，讓員工買到新鮮的在地農產品。

另外，針對員工生活需求，技嘉提供電信、銀行駐點及郵件包裹代寄等便利服務，還設置了健身房、韻律教室、員工餐廳等設施，成立運動、舞蹈、環境服務、親子同樂及手工藝類等社團，歡迎同仁與眷屬一同參加。

透過各式各樣的福利措施，技嘉漸漸擺脫傳統公司的上班氛圍，打造優質的工作環境，有效吸引並留住人才。

兼顧股東和員工，創造雙贏

不過，在創造幸福企業的過程中，葉培城坦言難免會面臨一些挑戰，「如何在股東獲利和照顧員工之間拿捏分寸、求取平衡，其實很難，畢竟這兩者在表面上是衝突的。」

葉培城說：「有時候面對股東質疑，認為公司花太多錢照顧員工，但我總會說服股東：要把眼光放遠，因為如果福利不如別家企業，導致人才流失，公司的損失將遠遠超過眼前看到的員工福利花費。」他更強調，公司賺大錢時，一切都好說，賺得不夠多時，如何將照顧員工列為優先，需要堅持也需要技巧。只要能讓股東們充分了解公司的後續計畫及成長把握，大家就會放心。

技嘉科技以誠信經營、卓越品質及提供客戶最全面的服務為核心理念，讓公司得以一路成長，肩上的責任也愈來愈重。葉培城認為，「當我們站得愈高，也愈深刻體認到公司對經濟、環境、社會的影響及責任很大。」

為了企業應承擔的社會責任，葉培城帶領技嘉科技努力實踐，他說：「在為消費者帶來更便利的新技術和產品、為同仁打造更優質職場環境的同時，我們也不忘延續對自然、社會及人文的重視，一步步落實企業永續發展。」

展望未來，技嘉的永續行動不會停止，也將持續致力於對同仁的照顧，葉培城期待更多人藉由技嘉的努力，看見永續的重要性和幸福企業的模範，一起在幸福路上大步邁進。

技嘉科技小檔案

*

成立日期：1986年4月30日

資 本 額：63億元

員工人數：8,000人

營運項目：經營範圍涵蓋家用、商用、電競、雲端等多元科技領域。從一片主機板開始，逐步拓展到顯示卡、電腦周邊、筆電，並以儲存裝置、伺服器，協助全球各大企業完善企業解決方案；同時為人工智慧、深度學習等前瞻性科技，提供豐厚的發展基礎。擁有電競品牌 AORUS、專業筆電 AERO系列，以及超微型電腦 BRIX。

獲獎紀錄：2017年 TCSA 台灣企業永續獎——「TOP 50 台灣永續企業獎」、「氣候領袖獎」及「TOP 50 企業永續報告金獎」三大獎；2017年、2020年《遠見》雜誌「CSR企業社會責任獎」—— 電子科技業組楷模；2014年 TCSA 台灣企業永續獎——「氣候領袖獎」、「TOP 50 企業永續報告銅獎」；2014年《天下雜誌》「天下企業公民獎」——大型企業新秀獎；2011年技嘉教育基金會獲頒教育部「社教公益獎」；2006年台灣精品獎——大會特別獎「傑出台灣精品廠商」，累積獲頒超過一百件台灣精品獎佳績

杏一
MedFirst
您家庭的健康

第九堂課：學同理

杏一醫療用品

小護士寫下創業傳奇

文／朱乙真　攝影／黃鼎翔

2020年新冠肺炎肆虐，重創全球經濟，
台灣最大醫療用品公司杏一醫療卻仍堅守崗位、不懼逆境前行，
第一季合併營收達14.33億元，較去年同期成長17.75%，
兩岸門市數超過兩百七十家，另有二十二座商場。
建立起這個醫療用品王國的，是來自台南鄉下，
用媽媽跟會標來的十萬元創業的傳奇小護士——陳麗如。

一九八〇年代，陳麗如從台南柳營鄉下的敏惠護校畢業，考上台塑創辦人王永慶董事長設立的明志工專（現為明志科技大學）二專部護理科，畢業後到林口長庚醫院服務。她在臨床表現優異，六年內就從小護士一路升到心臟胸腔科副護理長，還曾親自看護台塑集團創辦人王永慶的母親王詹樣太夫人。

為了每個月多賺夜班津貼，陳麗如發揮鄉下女孩勤勞刻苦的個性，自願上大夜班，但沒想到日夜顛倒的輪班生活，讓她的健康大受影響，不但從45公斤瘦到只剩39公斤，還因為過勞而昏倒在病人床前，由家屬合力把她抬回護理站。

如今已經是杏一醫療用品董事長的陳麗如，坐在桃園龜山的杏一總部回想當年，還是忍不住直搖頭說：「真糗！」

為了讓病人安心出院，毅然走上創業路

這次意外，讓當時才二十六歲的陳麗如開始思考：不做護士，還可以幹嘛？有什麼工作，可以延續熱愛的護理專業？

沒過多久，一位陳麗如負責照顧的病人要出院，她拿著出院

居家照護衛教單一項項仔細解說，更交代家屬「病人回家需要氧氣瓶備用」，沒想到只過一個晚上，病人竟然因為復發再度入院，而且病況更嚴重。她那時自責又難過，不斷問自己：「天啊！我哪裡沒做好？」這才發現即使擁有多年臨床經驗，她卻從沒想過最基本的問題：「病人要到哪裡買氧氣筒？」

陳麗如動手翻查電話簿才知道，原來氧氣筒被分類在「工業氧氣」，一般人根本找不到，「臨床衛教做得再好，都是枉然。」儘管是三十多年前的往事，陳麗如想來還是很有感觸，她說：「這件事給我很大震撼，我想多為病人做些什麼，讓病人與家屬可以安心地出院回家，沒有後顧之憂。」

她靈機一動，如果能在醫院旁邊開一家店，提供病人出院後所需的醫療用品，不就可以解決這個問題了？更棒的是，這家店不但和護理相關、能幫助病人，又可以擺脫無止境的輪班生涯。

於是，陳麗如毅然遞出辭呈，媽媽也拿出跟會標到的十萬元支持她創業。她從自己最熟悉的環境開始，先租下林口長庚醫院對面一個二樓店面，打算販售病人出院後需要的醫療器材，譬如氧氣瓶、血糖機、血壓計、輪椅、馬桶椅、拐杖等等。

然而，開店的想法很簡單，真正要落實的每一步卻都是挑戰。最現實的問題是，陳麗如馬上發現自己「空有一家店，卻沒有東西賣」。

當時挺著八個月身孕的陳麗如，從桃園跑到台北聚集醫療器材貿易商的「醫療一條街」——台北火車站附近的博愛路（現在已經成為相機街），尋找店家銷售的各種醫療器材，一一記下器材保固服務貼紙上的電話號碼，再一個個打電話拜託經銷商鋪貨。她也回長庚醫院拜訪醫生，幫忙介紹業務，讓她寄賣產品。

1. 杏一舉辦樂齡店長活動，鼓勵長輩多與人群接觸（圖／杏一醫療提供）。
2. 第一線銷售人員除了能為顧客解釋專業知識，也必須學習行銷管理等工作。

「一個即將臨盆的年輕孕婦」完全不符合那個年代對「創業者」的既有印象和樣貌。陳麗如創業初始遇到不少異樣眼光，就連到銀行開公司戶都被當成詐騙集團。她說：「臨櫃小姐一聽到要開公司戶，上下打量我一番，還轉頭把公司執照交給襄理，兩個人仔細檢查，就差沒拿放大鏡出來看。襄理還跟我要損益表，我以前都在當護士，哪知道什麼是損益表？」

「妳連損益表是什麼都不知道還想開公司、當老闆？」襄理的語氣和表情，到現在都還鮮明地印在陳麗如腦海。

既像詐騙集團又沒有損益表，陳麗如最後開戶失敗，哭著離開銀行，但她告訴自己：「一定要成功，不要被人看不起。」

事過境遷三十年，陳麗如已經可以笑談當年的挫折和打擊，甚至把曾經不看好她的人當成「創業貴人」；她說：「因為有這些激勵，讓我只能往前走、向前衝，不容許失敗。」

拚命往前跑的陳麗如，當時校長兼撞鐘的一天行程有如百米賽跑：清晨五點多起床，趕著六點到店裡打掃，八點準時開門營業；因為二樓店面很難被看到，她就自己印傳單到醫院發，甚至到醫院問病人：「要買什麼？我幫你買。」直到晚上六點關上店門後，又要開始送貨，直到半夜十二點才結束一天工作。陳麗如說：「現在想想，這不就是現在流行的代購模式嗎？」

○ — 親切行銷專業服務，實踐南丁格爾精神

因為親切、專業又有信用，病患和家屬間開始口耳相傳：「去跟那個大肚子的女孩子買。」陳麗如的生意快速開展，每天送貨行程滿檔。多年後，她再度進修，念政大企業家班、元智大學管理研究所，才發現當年她堅持的「面笑、嘴甜、腰軟、手腳快」，原來就是服務的4S（smile、sweet、soft、speed）精神。

陳麗如非常重視交貨時的衛教工作，務必讓客戶知道如何做好居家照護，所以面交一台輪椅得花上半小時，賣一台血糖機至少要四十分鐘，從詳細解說、示範到叮嚀每一個注意事項。

陳麗如舉例說，她會告訴客人：「『阿伯，我來給你上課，有及格才可以拿回家用喔！』教完怎麼使用後，只要稱讚阿伯說：『哇，一百分！』他就會很高興。」專業又用心，是她從創業第一天開始就堅持的核心理念。

生意愈來愈好，需要人手幫忙，陳麗如便開始打聽醫院有沒有護理人員想轉換跑道。早期杏一的第一線銷售人員百分之百都有醫療護理學經歷背景，可以為顧客解釋何謂預防醫學、治療醫

學。即使現在團隊成員中擁有醫護背景的比例下降，但訓練標準還是比照護理師教育。

把專才變全才，激發員工潛能

陳麗如很重視員工訓練，對許多離開穩定工作的護理人員來說，一開始加入杏一難免忐忑不安，於是她親自教她們怎麼當店長管店、看懂損益表、做行銷、面試新人、採購、學談判。

陳麗如透露：「我把專才變全才，激發她們的無限潛能。」她最常告訴離開醫院的護理人員：「做沒做過的事，就是一種建立自信心的過程。」她也帶領她們發現自己「原來不是只能當護理師」，人生於是豁然開朗。

但即使如此，護理師轉行，還是會遇到角色變換的瓶頸，陣亡率高達50%。陳麗如分析，因為在醫院裡，護理人員可以對病人「下指令」，病人必須乖乖配合吃藥、打針，連「為什麼」都不能問；但轉換職場到了杏一，馬上從「我說了算」到「我說了什麼都不算」，即使花了半小時解說血壓計有多好，常常還是得碰到客人的軟釘子：「我不要買」、「回去考慮看看」。

「講的再好也沒用，錢在顧客口袋裡，從護理師變成銷售人員，馬上被打趴在地上，打擊超大……」陳麗如認為，不是每個人都能承受角色轉換帶來的失落，熬不過剛開始的適應階段，被拒絕幾次，就離職了。

陳麗如坦言，起初她會提醒員工「個性可以改一下」，後來發現護理人員從接受學校教育到職場訓練，就是一絲不苟、按部就班進行；進入行銷領域後，或許不應該要求她們修正這些稜角，而是要從護理人員的特質「往外加」，教她們沒學過的溝通協調、問題解決、創新服務與策劃執行，讓「方」變成「圓融」，也因此造就了杏一的企業文化，就是後來的logo設計。

在陳麗如提出的「杏一文化」中，要求門市做事要符合60%標準作業流程、40%（適時）的彈性。她舉例說，當一個阿婆走進杏一門市時，銷售人員不會用「歡迎光臨」打招呼，而是先觀察她有沒有因為走路走太久喘不過氣？接著馬上搬張椅子給阿婆，遞上一杯水，告訴她：「別急，慢慢來，先緩一緩。」

接下來，介紹血糖機講了半天阿婆決定不買，銷售人員還是要笑咪咪地說：「沒關係，回去想想看，有需要歡迎隨時回來。」陳麗如認為，與其卡在「為什麼我被拒絕」的想法，不如觀察、了解客人的需求，學習如何講到顧客痛點，讓對方覺得「非買不可」。

「第一個把南丁格爾精神實踐在商場上的，就是杏一，」陳

1. 杏一舉辦百里關懷活動，拉近與社區居民的關係（圖／杏一醫療提供）。
2. 近年來杏一以倍數成長，許多醫院商場都看得到杏一的身影，本圖為位於台中大里仁愛醫院的商場（圖／杏一醫療提供）。

杏一醫療用品經營理念

企業的開端靠個人，持續靠幹部；
要能永續，靠的是一整個團隊。

麗如說，杏一之所以能從一人小店，成為現在跨越兩岸的醫療用品產業龍頭，和她始終謹記從關心開始、易位而處、將心比心、犧牲奉獻、注重細節的護理精神，有很大的關係。

○── 管理員工以人為本、帶人帶心

陳麗如不只用「以人為本」的態度面對顧客，管理一千五百多個員工也是如此，「我受王永慶董事長的影響很深。」

回想擔任王太夫人醫療團隊成員時，陳麗如很難忘孝順的王永慶董事長不只每天晨昏定省，對照顧媽媽的醫療團隊更是親切。有一次他收到別人送的進口餅乾，竟雙手捧著餅乾跟陳麗如說：「謝謝妳的照顧，這個餅乾妳嘗嘗看。」

創業之後，陳麗如也學習王永慶董事長的精神，把員工當家人般照顧，規定員工不可以稱她「董事長」，要叫「陳姐」，因為同一個公司，大家都是一家人。

杏一的員工在公司遇到陳姐，最常被嘮叨：「吃飽沒？幾點了怎麼還沒去吃飯？」「這麼冷怎麼穿這麼少？圍巾要繫著啊！」有員工笑著抱怨，陳姐的噓寒問暖已經到了「會操煩」、「碎碎唸」的程度，跟家裡的媽媽比起來，簡直是有過之而無不及。

家有學齡小孩的員工，每學期剛開學時，遇到陳姐一定會被突襲拷問：「家長會什麼時候？請假沒？」如果回答「不知道」就慘了，因為陳麗如認為，沒有任何事情比參與孩子的成長過程更重要，家長會一定要參加，即使休假用完了，她也會「生一天假」出來給員工。

不只「生一天假」讓員工參加家長會，陳麗如還曾經「生一

個缺」給第一次打工的杏一員工子女。

記得那一次，有位經理的女兒即將升大學，平常獨來獨往、臭著一張臉、穿著不修邊幅，陳麗如特別為這個女孩「量身訂做」到各主管辦公室收發文件的工讀缺。女孩上班的第一天，陳麗如告訴她：這是「全公司最有價值的職位」。

但女孩不以為然：「蛤？收發哪有什麼價值？」陳麗如立刻煞有其事地說：「只有這個工作，可以每天到主管、經理辦公室，看看每個厲害的大人在做些什麼事。不過進到辦公室要很有禮貌、笑咪咪的，也要注意自己的儀容。」

一個星期後，本來撲克臉的女孩開始掛起微笑，穿著也有一百八十度的改變。一個月後，經理哭著告訴陳麗如：「陳姐謝謝妳！」原來凡事一副無所謂的叛逆少女，拿到第一份薪水後馬上要請全家吃飯，孩子的改變讓媽媽喜極而泣。

陳麗如後來也宣布，員工子女若想打工，都歡迎到杏一，她說：「我希望孩子們能在第一份工作中建立正確的價值觀，以及面對職場的態度。」

以人為本、展現女性特質、同理員工感受、為員工打造參與企業發展的舞台等特質，讓杏一參加桃園市政府經發局主辦的2019年金牌企業卓越獎，一舉拿下「好福企」獎項。

靠團隊永續經營，持續守護每一個人

在員工高度認同與向心力的加持下，杏一繼續累積實力，陳麗如原任職長庚醫院醫事課課長的先生蔡德忠，加入杏一擔任總經理後，夫妻並肩奮鬥，更是如虎添翼。

蔡德忠一加入團隊後，立刻引進E化管理系統，加快杏一原先平均一年開一家店的速度，以倍數成長複製門市，如今遍布兩岸各大城市、醫院商場。杏一更在2014年4月掛牌上櫃，投入發展數位科技及自有產品，在嘗試、學習、修正的過程中，快速成長、累積經驗。

「不是我厲害，完全是靠團隊，有『共識』才能『共事』。企業的開端靠個人，持續經營靠幹部；要能永續，靠的是一整個團隊，」杏一能在創業後第一個三十年就開枝散葉，陳麗如將成就歸功於所有員工，她更承諾未來杏一將秉持親切而專業的初衷，持續守護每一個人。

杏一醫療用品小檔案

*

成立日期：1990年12月4日

資 本 額：約3.2億元

員工人數：約1,500人

營運項目：各類醫療、保健、護理用品專賣連鎖店，承攬各醫院醫療用品販賣部，以及醫院商場管理及規劃業者。提供超過三萬種品項的醫療器材與商品，門市數至2020年6月，台灣共有260家，大陸則有16家

獲獎紀錄：2006年GSP標竿企業全國第一、2012年GSP優良服務認證之特優企業、2017～2020年連續四年公司治理評鑑名列前5%、2019年桃園市金牌企業卓越獎——好福企獎

第十堂課：學承諾

台益豐

守護員工安全絕不妥協

文／陳玉鳳　攝影／黃鼎翔

益州集團旗下的台益豐是一家油品加工企業，
生產車用和工業用絕緣油、潤滑油。
對於幸福企業的定義，
董事長秦嘉鴻堅持「安全」是一切的前提，
也是企業主對於員工的最重要承諾。

車駛過跨越大漢溪的武嶺橋，進入大溪小鎮後繼續前行，台益豐廠房就座落於青蔥碧綠中，優美整潔的建築外形與周遭環境融為一體，如果抱持著刻板印象，很難想像這棟建築屬於一家油品加工企業，其生產車用和工業用絕緣油、潤滑油，行銷全球。

對於台益豐董事長秦嘉鴻而言，整潔、乾淨、舒適的環境是化學企業必備的競爭力，工安更是絕對不能妥協、必須精益求精的要素，「更重要的，這是我們對於員工的承諾，沒有安全，就沒有資格談『幸福企業』，」秦嘉鴻再三強調。

老闆就住工廠附近，以身家性命為安全背書

重視工廠環境與安全，一向是秦嘉鴻的理念，從年輕至今初衷未改，甚至以「身家性命」提供安全保證。

民國七〇年代，秦嘉鴻擔任台北市礦油公會理事長，在那個年代，全台只有392座中油加油站，數量嚴重不足，市區常見汽車大排長龍只為等加油的景象；加上加油站不開放民營，導致地下油行猖獗，難以控管，是民眾生活安全的一大隱憂。

為了改善此亂象，秦嘉鴻挺身而出，向政府爭取開放加油站民營，當時面對一連串阻礙，卻絲毫不退縮，「不僅中油堅決反對，連同業都在潑冷水，覺得事情不可能成功，」如今已八十多歲的秦嘉鴻，回想起壯年時期的重要一役，仍記憶鮮明。

「但是，只要我認為是對的事情，絕對堅持到底，不會放棄，」秦嘉鴻不屈不撓的性格，成了加油站民營化的最大推手，他不斷找政府官員溝通、上電視和官員辯論，終於在強大民意支持下，促使政府開放加油站民營化，也讓台灣人從此享有加油的便利性。

加油站普遍了，卻又出現居民反對加油站建立在居家附近的聲浪。秦嘉鴻說：「很多人認為加油站危險又會造成環境汙染，其實合法加油站的加油槽深埋地下，並以鋼筋水泥封住，且加油槍是多段式，不會引燃。」他甚至全家搬到加油站樓上，一住就是十五年，用實際行動扭轉人們對加油站的既定負面印象，後來有業者想建加油站時，只要一遇到反彈，就會「組團包車」來參觀秦嘉鴻位於加油站樓上的住家，說服力十足。

如今，秦嘉鴻也帶著全家人住在工廠後方，無疑是對自家工廠安全的最強力背書，「如果不安全，我怎麼敢讓全家人都在這裡生活？」秦嘉鴻說，一輩子在油品產業打拚的他，從來不敢輕忽安全。

工業用絕緣油，雄霸台灣七成市場

從1956年入行至今，秦嘉鴻一生都奉獻給油品產業。他回憶十八歲那年靠著母親資助的五千元開設了礦油行，1975年成立益

台益豐採取日本豐田式工安管理模式，除了規範環境整潔外（左圖），也重視生產作業中的標準流程（右圖）。

州化工，並逐步擴展成擁有油品製造、通路與倉儲的益州集團。

其中，台益豐是由益州集團旗下的益州化學轉投資，於2009年成立，2011年與日本豐田集團旗下的日本豐田通商株式會社簽訂合資協議，台塑集團的台亞石油股份有限公司也正式投資入股，公司名稱從原本的「遠興化工」更名為「台益豐」。

台益豐代表三方合作，結合台塑石化供應商的高品質原料、益州累積三十年的潤滑油製造經驗，以及日本豐田通商的管理精神，專業代工生產車用和工業用潤滑油、絕緣油，年產能約五萬公秉（KL）。其中，絕緣油主要生產符合台電使用的I002及高燃點絕緣油HF-300規範的產品，在國內占有70%的市場。

為嚴格控管產品品質，台益豐打造了專業級油質檢驗實驗室，取得TAF實驗室認證，是業界罕見的大手筆。對於安全，台益豐更是沒有半點妥協，秦嘉鴻強調：「員工是最重要的資產，建立安全的作業環境，避免員工受傷，是公司最重要的政策。」

豐田式管理，工安一絲不苟

多年來，台益豐採日本豐田式工安管理路線，一絲不苟地落實5S管理規範，也就是整理、整頓、清掃、清潔、教養，注重工安細節處處可見。

走進台益豐工廠，聞不到一絲刺鼻氣味，油桶整齊放置在規劃清楚的區域內，並以鮮明色彩區分油槽的門閥，避免因工作人員疏忽，在進油時送錯方向。

另一頭的輸送馬達飛輪內側，一開始未設置防護設備，工作人員若不小心絆倒就可能被捲入，但一發現有此工安疑慮時，台益豐二話不說，立刻增設防護網。接管區油滴落也易造成人員滑倒受傷，公司便將平面式集液盤更改成漏斗式，如此一來，油滴就不會噴濺。

員工在生產作業中的安全細節也備受重視，譬如堆高機操作時可能與作業人員發生碰撞，造成人員受傷，因此公司特別規劃人員行走專用道，徹底落實人車分道。

至於生產設備的周邊細節，也不輕忽安全。譬如工廠採光罩會因為長時間日照而脆化，一旦踩破就有墜落風險，於是公司特別在採光罩上方加裝隔柵板；考量工作人員更換採光罩時可能會有跌落風險，台益豐還在採光罩下方增設防墜網。這些滴水不漏的防護，就是要確保員工遠離一切危險。

類似的工安舉措和設施不勝枚舉，對於台益豐而言，工安的增進是永無止境的。全公司每年投入作業場所及軟硬體改善的經費平均達兩百六十萬元，而且已取得ISO 9001品質管理系統認證、ISO 14001環境管理系統認證、OHSAS 18001、ISO 45001安全衛生管理系統認證、TOSHMS台灣職業安全衛生管理系統認證，以及通過日本豐田汽車的評鑑。

秦嘉鴻說：「所有的努力，就是要信守對於員工的承諾——提供安全無虞的工作環境。」

對的事，勇往直前不退縮

不僅在意員工的工作環境，就連鄰里周遭的生活環境，也是台益豐念茲在茲的重要大事。尤其公司座落在桃園大溪月眉里，員工人數約四十位，多數都是生活在大溪的當地居民，維持良好環境、保持與鄰居間的友善互動更顯重要。

秦嘉鴻說：「起初，我們與鄰里關係一度緊張、波折不斷，從2005年買地到2010年完工投產，期間經歷兩次停工和兩度復工。」然而，如同不屈不撓推動加油站民營化成功一般，秦嘉鴻不向現實低頭的個性，再一次將不可能化為可能，熬過艱辛的六年折衝，才有了今天的台益豐。

秦嘉鴻回憶，當年台益豐設廠已獲核准並免做環評，然而在當地一名里長參選人帶頭抗爭後，台益豐被要求停工。但他並未坐以待斃，而是向公家機關提出訴願，從地方政府到中央政府「關關難過關關過」。然而，更難的還在後頭，等廠房興建到98%，即將申請使用執照時，又被要求進行環評。

面對困難，秦嘉鴻耐著性子一一處理，不厭其煩地與附近居民誠心溝通，同時辛苦奔波於政府機關間協商說明，最後終獲環評委員認同，通過環境影響評估，取得使用執照及工廠登記，讓這座被別人認為「穩死沒活」的工廠，在2010年正式投產。

追求環保無止境，熱心回饋大溪鄉里

事實上，台益豐對環境保護的堅持，從創業至今，始終如一。秦嘉鴻說：「日本豐田是我們的合資夥伴，他們對環保的高標準眾所周知，而我們的化工廠從規劃之初就已納入各種環保考量，多年經營下來，證明工廠的存在並未對周遭帶來傷害，反倒有利。」

秦嘉鴻始終認為，幸福企業的意義有兩個層面，一是為社會創造幸福；二是為員工創造幸福。「我們創造工作機會且回饋鄉里，希望員工以身為台益豐員工為榮，這也是幸福企業必須做到的。」

為了給周遭居民安全的生活環境，台益豐全力投入資源。譬

公司設置休閒空間，讓員工閒暇時可以運動（左圖）或者唱歌（右圖），彼此聯絡感情。

台益豐經營理念

凡事快人一步，
比別人想得多、看得遠。

如為避免劇烈地震可能造成桶槽管路破損，油品流出汙染草嶺溪，台益豐在各出入口製作擋油板、備妥移動式幫浦，並進行洩漏緊急應變演練，事先做好預防。

節能減碳也是持續前進的目標，投資相關設備從不手軟。譬如建置氮氣回收再利用系統、蒸氣冷凝水回收再利用系統，以及增設鍋爐節煤器等。台益豐還建造室外太陽能發電廠，裝置總容量約763kW，年度減少排碳量可達570公噸左右，等同年度種樹量31,694棵，相當於1.5座大安森林公園的全年碳吸附量。

台益豐更善盡企業社會責任（CSR），積極回饋鄉里，每年捐贈大溪國小清寒獎學金、捐款社會局敬老津貼專戶，參與並贊助地方宗教活動、馬拉松路跑補給站等，協助地方從來不落人後，更廣泛雇用大溪居民為員工，讓附近居民親自進廠進行二十四小時監督，以實際行動敦親睦鄰。

○── 寬厚待人，留給別人後路

對內創造員工的幸福感，同樣不遺餘力，給予優渥的薪水福利是最基本的，秦嘉鴻說：「台益豐員工的薪資水準在大溪地區是很高的，平均四萬元以上。」他認為這理所當然，「員工來工作就是希望能賺錢，如果一家公司不能經營得當，給予員工理想的薪資報酬，其他事情做得再多，也稱不上是幸福企業。」

公司有賺錢並不藏私，不僅反映在年終獎金上，也會調薪、提撥員工分紅，與員工共享。另一方面更推動員工在職進修，由公司提供補助，鼓勵資深員工退休後繼續就業，貢獻所長。其他福利像是：定期舉辦國內外旅遊休閒活動和員工健康講座、提供年度免費健康檢查、結婚／生育／喪葬津貼等，各種勞工福利往往高於法規要求。為了讓大家吃得健康，台益豐還在工廠綠地開闢農場，讓同仁種植蔬果，收獲的成果讓大家一起分享。

不只對員工照顧有加，秦嘉鴻對於犯錯同仁的寬厚更讓人感動。經營事業數十年，他只開除過兩名員工，一次是發生在多年前，益州內部曾有五名員工監守自盜，將油私賣給其他油行，雖然是嚴重犯行，但考慮員工生計，秦嘉鴻只開除主謀一人。另一位則是加油站員工，利用職務之便一年內盜領公司款項約四百萬元，才遭到開除。

儘管員工的行為確實已觸犯法律，但秦嘉鴻並未告上法庭，他說：「我雖然開除他們，但還是希望能為他們留條後路。」至於參與事件未被開除的員工，後來也有不錯的表現，「我始終相信人性本善，也非常願意給別人機會，」秦嘉鴻說。

讓勞工幸福，政府和企業一起來

打造幸福企業數十年，秦嘉鴻認為僅靠企業力量並不夠，政府必須支持企業，營造有利環境，「因為唯有公司賺錢，才有本錢能夠照顧員工。」因此，經營事業之餘，秦嘉鴻積極扮演企業與政府的溝通橋梁，不但受聘擔任總統府顧問、桃園市政顧問、桃園市消防局義勇消防總隊顧問，也擔任中華民國工業區廠商聯合總會理事長。

一路走來，初衷不改，只要是對的事情，秦嘉鴻從來都是勇往直前，即便已經八旬高齡，仍然對公共議題投注心力。他特別提到：「長久以來，台灣公務員被『圖利他人罪』這個緊箍咒綁手綁腳，所以即便知道某些事情對產業有利，卻總是不敢放手去做，導致台灣產業進展速度被拖慢。」

說到激動處，秦嘉鴻不禁提高了聲調，他表示，既然設置貪汙罪，就沒必要以圖利他人罪制約想做事的人。「我現在努力推動，希望能拿掉限制，讓公務員願意並勇於為產業整體發展積極任事，」長年規律打高爾夫球的秦嘉鴻，神采奕奕地談起想完成的目標。

「唯有創造政府、社會、企業、勞工四贏局面，國家才會站得穩，」秦嘉鴻堅持信念，以熱心奉獻的腳步，一生不停。

台益豐小檔案

*

成立日期：2009年9月17日

資 本 額：3億元

員工人數：38人

營運項目：高品質車用／工業用潤滑油及絕緣油，包括車用齒輪油、重型柴油引擎機油、變速箱油、汽／柴油引擎機油、四行程／重機機油、特級絕緣油、工業齒輪油、液壓油、海運機油

獲獎紀錄：第7屆桃園縣績優企業獎「環保綠能卓越獎」、第9屆桃園市績優企業環保循環卓越獎、第10屆桃園市績優企業環保循環卓越獎及金質獎。勞動部2014、2015年職業安全衛生優良單位獎，2016年國家職業安全衛生獎——中小企業特別獎、2017年職業安全衛生優良人員獎——溫國安

04

產業鏈上的關鍵要素

邁向隱形冠軍

這些企業低調鮮為人知，
卻在國際產業鏈上，
扮演舉足輕重的重要地位。
他們是支撐經濟發展的中堅力量，
以創新技術、細節服務、要求品質的執念，
讓台灣在國際舞台上發光發熱。

台灣華傑

華夏航科

源友企業

第十一堂課：學細節

台灣華傑

匠心追求 一鍵入魂

文／黃筱珮　攝影／黃鼎翔

台灣華傑專精各式電子開關製造，
每年生產超過十億顆各類型開關。
華傑一向秉持匠心精神打造極致產品，
以「精實美」的管理思維，制定差異化的產品策略，
立足台灣、放眼世界，成為全球開關領域的佼佼者。

台灣華傑公司，對多數人來說是個陌生的名字，但若用過小米的電動牙刷、喝過Nespresso咖啡機的香醇咖啡、按過羅技（Logitech）滑鼠、操作過HP印表機……，其實，已經算是華傑的潛在客戶了。

總部設於桃園的台灣華傑公司，三十年來專精於各式開關產品的研發與製造，產品遍及電腦周邊、通信、家電、醫療、汽車市場。不論是應用於滑鼠上的微動開關；洗衣機、洗碗機的防水開關；或是網通機上盒的輕觸開關，都有華傑的蹤跡，在市場上擁有高市占率。

談起這些成果，華傑董事長陳玠臉上寫滿榮耀。他說：「全球十七個電子領域排名第一的大廠，都是華傑的客戶。」在競爭激烈的開關製造市場，華傑維持始終如一的高品質，贏得信賴，非但晉身全球市場前十大開關商，也擦亮MIT的招牌，讓台灣製造、品質保證的口碑揚名國際。

華傑以電視機開關起家，因為看好「人機介面」的開關市場，便積極經營切入，自創立起即以「根留台灣、永續經營」為宗旨。多年來，即使外部環境不斷改變，商場競爭未曾停歇，但華傑仍以自動化生產模式，降低營運成本、導入數據分析平台，保持競爭優勢，致力提供客戶最優質的產品，建立起良好而持久的合作關係。

品質持續優化，獲國際大廠青睞

華傑企業的發展軌跡，恰如一部全球電子產品的進化史，隨著科技進步，3C電子產品推陳出新，為滿足消費者需求，朝向智慧化方向發展。而客戶熱銷產品也從映像管電視、錄放影機、數位照相機、傳統手機，到小巧輕薄的液晶電視、動態攝影機、智慧型手機，以及各式新穎家電，譬如氣炸鍋、掃地機器人等。

向來隨著客戶一起成長的華傑企業，也與時俱進，推出更精良、輕巧、人性化的產品。陳玠指出：「以前開關都很大一顆，現在可以小到像米粒一樣，而且功能更好、更靈敏。」

開關愈做愈小巧、事業版圖則是一路擴大，華傑的客戶囊括國際大廠，譬如應用於電腦周邊的微動開關，主要供應Logitech、HP；應用在洗衣機、洗碗機的防水開關，主要供應Bosch、Whirlpool、Samsung、Haier、Panasonic、Arcelik；應用廣泛的輕觸開關，主要供應SKY、ARRIS、Technicolor，都是耳熟能詳的品牌。

與世界大廠合作，將華傑的開關產品帶向全世界，也帶動華傑業績與營收勁揚。每一顆開關，都讓客戶放心、讓消費者感受到用心。

「做生意、特別是跟品牌廠做生意，可不能馬虎，產品不好，馬上就被取代，」陳玠說，很多人覺得疑惑，以華傑這樣規

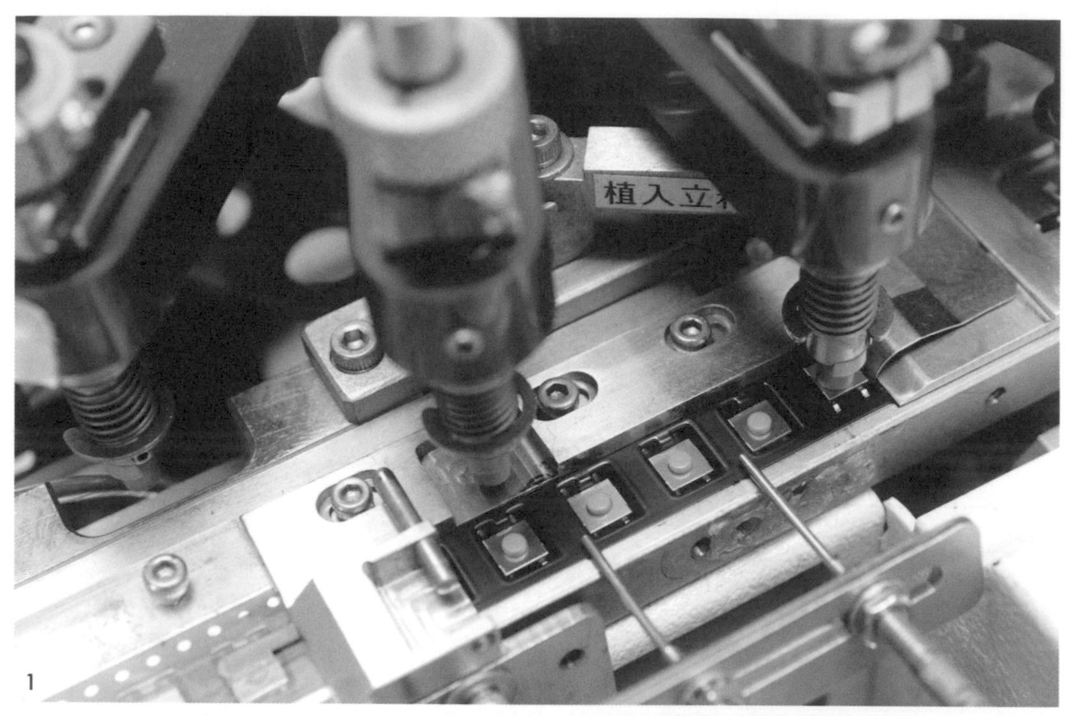

1

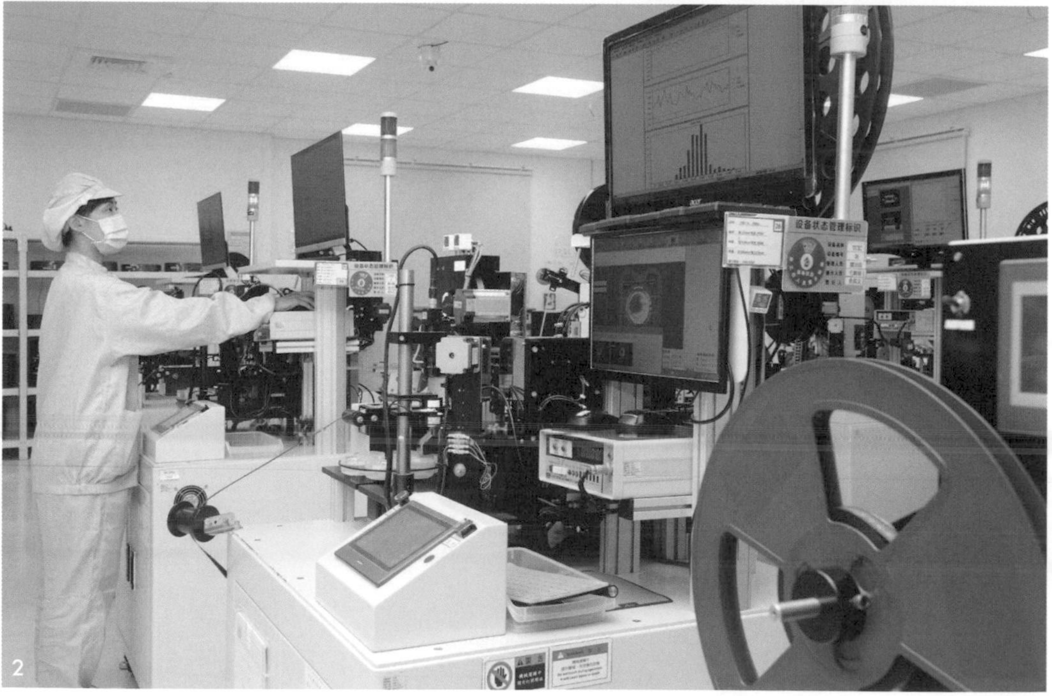

2

模不算太大的公司，究竟有什麼能耐可以跟這麼多世界大廠做生意且持續合作？「說穿了，就是不要怕挑戰、勇敢踏出去！」

點子多、敢挑戰的陳玠總是帶著員工向前衝，創業初期拿到日本大廠SONY的訂單後，如同取得被品牌業者認可的門票。隨後，他帶著一只行李箱，裝滿公司資料，在冬雪紛飛時前進冰封的歐洲大陸，先從家電大廠Thomson開始拜訪，一家家開疆闢土、取得訂單，然後如期交出品質穩定的產品，口碑傳出去，客戶愈來愈多。

以客戶為師，從做中學

陳玠說，華傑設立時，便以「自動化生產方式」為主要經營策略，建立起競爭優勢，並鎖定國際知名品牌客戶為業務推展目標，他說：「跟大廠做生意，不只能增加營收，還能『以客戶為師』，從做中學，進步很快。」

「事實上，華傑今日能夠在市場占有一席之地，要感謝這些大廠，」陳玠說：「他們的嚴格要求，教會我們很多事情，直到現在，還是不斷地精進學習。」譬如客戶要求實驗室品質，華傑便斥資打造「開關實驗室」，從基本性能、精密量測、環境測試、耐久、電氣性能等條件，都有專屬儀器測量。

華傑副總經理陳清榔則分享，華傑的開關實驗室可模擬產品在各種情境下的使用狀態，包括雪地、沙漠、高鹽分地區、溫泉

1. 隨著科技產業日新月異，台灣華傑的產品也不斷精益求精。
2. 台灣華傑打造開關實驗室，以專業測量獲得客戶信任感。

硫磺區等，要能耐酸、耐鹽，並通過高溫達攝氏105度、低溫負40度的惡劣環境考驗，才能出貨。

另外，為因應客戶對於產品驗證的重視，華傑也添購「X-RF膜厚量測儀」、「3D輪廓儀」、「色差儀」等設備，發展出自動光學檢查的多重視角檢測機，搭配特別設計的全自動高速功能檢測機，滿足快速生產中仍能保持穩定可靠的檢測結果。

追求卓越，在微小細節裡苛求品質

在時間焠煉下，華傑持續增進與大廠客戶的合作默契，累積信任感，強化品牌在產業鏈上的影響力。譬如：1999年華傑與Nokia旗下頂級手機品牌Vertu，共同研發出第一代奢華手機的數字按鍵模組，成功獲得採用，將華傑產品推上全球頂級品牌。

2015年，與Apple共同研發超薄筆電新式鍵盤開發，經過華傑設計團隊的改造，最終完成設計驗證，超越Apple原設定規格的五倍。Apple要求開關疲勞極限壽命達五百萬次，華傑硬是做到兩千萬次以上，獲得合格供應商認證，奠定全新里程碑。

2017年與日系汽車組件廠共同設計新一代電子駐車開關，客戶接受華傑提出的設計方案，成為全球第一家非日商企業首次導入此項產品的先例。

華傑成立以來，不斷突破，永不滿足現狀，陳玠表示：「每一次的成功都非偶然，華傑有優秀的人才與自動化生產系統，為了持續精進技術，每年投入總營收的5%進行各項研發，追求卓越，超越自我。」陳玠也將常勉勵同仁：「卓越的製作品質，是在你看不見的地方苛求。細節才是決勝關鍵！」

走過三十年，陳玠感性地說：「每一個十年都建構出華傑發展的平穩基石。」第一個十年專精研發技術，以資訊市場為目標；第二個十年導入自動化，節能減廢，力求永續發展；第三個十年持續創新、回饋社會，創造品牌價值。

值此「三十而立」之際，華傑2019年底獲得桃園市金牌企業卓越獎「隱形冠」獎的肯定，「這個獎對華傑來說意義非凡，這是屬於全體華傑人的榮耀！」陳玠說，華傑首次參賽即獲得政府單位的極高肯定，是一份最好的禮物。

陳玠強調：「華傑的開關不論是賣一塊錢或五毛錢，價格不高、但價值非凡，我們重視每個產品的品質，三十年如一日的堅持，就是華傑的精神！」他認為這是全體同仁努力所成就的企業精神，在開關產品這個小小的東西上默默耕耘、追求極致，雖然容易被消費大眾忽略，卻是產業鏈中不可或缺的重要環節。

展望下個十年，互聯網興起，行動通訊普及，加上自動駕駛

1. 藉由舉辦聖誕節交換禮物，凝聚員工向心力（圖／台灣華傑提供）。
2. 台灣華傑參與國內外重要展會，將產品推廣出去（圖／台灣華傑提供）。

台灣華傑經營理念

效率、品質、創新、即時的顧客反饋，
專注每個細節，為客戶提供最優質產品。

科技的發展，將會顛覆現在對車輛的定義，車輛將是未來最大的移動裝置，創造更多的電子應用。陳玠表示，華傑目前積極布局開發設計車載產品，成為一線汽車廠的供應鏈，因應車載市場氣密性的趨勢，將推出具靜音性能的小型化按鍵開關，拓建新產業領域，抓住時代演進的浪潮，持續追求成長。

蹲低跳更高，打造K2廠如虎添翼

雖然已經在業界闖出一片天，但回首來時路，也曾經有風有雨，所幸「蹲低跳更高」，堅守初心，勇敢挑戰再創新局。

陳玠回憶：「2000年華傑曾想藉由併購其他公司擴大規模、加速上市腳步，不料買到潛在的負資產公司，因此栽了跟斗，上市夢碎。」2003年，美國ITT集團啟動「K2計畫」，有意收購華傑，卻遇上SARS疫情肆虐，終至破局。

「跌倒，就爬起來！」陳玠說，華傑是個有實力的企業，當年ITT集團收購計畫命名為「K2」，就是以世界第二高峰為名，「K2位於中國和巴基斯坦交界處，終年積雪、地勢險峻，是國際登山界公認海拔八千公尺以上攀登難度最大的山峰。」代表此專案是最高階、最機密的一項合作計畫。

雖然合作未成，不過華傑仍以此為名，於2012年在桃園中壢設立全新智動化工廠「K2廠」，代表創新、策略及展望，挑戰困難，再登巔峰。

陳玠說，華傑立足台灣，也跨足對岸設立多個廠區，多年以後因緣際會發現，中國市場雖然很大、員工很多，可是人力參差不齊，在發展智動化的路上，仍然有許多艱難必須克服。反觀，智動化產線在台灣才有充分競爭力，而K2廠，就是華傑智動化生產的極致代表。

K2廠占地八百坪、不大；員工四十名、不多；但是擁有華傑自行研發的全自動化超薄型開關組裝、檢測設備，以二十四小時兩班制作業，創造出五億顆超薄型開關的年產量，開出平均每天生產破百萬顆、每月近五千萬顆的驚人產能，集效率、品質、創新於一體，未來還要朝年產十億顆超薄型開關的目標邁進。

華傑K2廠廠長鄧萬敦表示：廠區內所有設備皆採全自動化生產模式，透過電腦系統即時監控生產品質，發揮「全檢」效果，產程皆有紀錄，每一顆開關產品也都有「生產履歷」，做為產品問題追溯的依據，是產程再優化、再設計的重要資料庫。

另一方面，客戶端只要經過授權，也能夠登入系統查看並掌握生產進度，「再遠都看得到」的服務模式，讓客戶十分安心。鄧萬敦表示：K2廠透過數位化、智能化控制品質，自動化量產達效益規模，兼顧客戶對價格與品質的要求。

一生只做一件事，一事只懷一顆心

陳玠自豪地說：「華傑與全球洗碗機市占率第一名的BOSCH合作十年，供應了上億顆防水開關，但出錯率極低，對於產品，我們是很驕傲的。」而這也印證了他的理念：「一生只做一件事、一事只懷一顆心。」這顆心，就是追求超越、永不停歇的「匠心」。

華傑副總陳清榔從十五歲就認識陳玠，兩人是工專同學，又在華傑並肩作戰，他說：「回顧三十年來的歷程實在不容易，但我們堅持過來了。」開關產業競爭激烈，後面追兵不斷，能夠堅持品質，不被低價競爭打敗，是場很硬的仗。

陳玠感恩地說，當初找陳清榔一起到華傑打拚，兩人可說是最佳戰友，「我個性急、想法多，陳清榔是在後面拉住我的人，也努力把各種天馬行空的點子，化成實際可行的做法。」如今，兩位戰友都六十多歲了，現在積極培訓接班人，未來要交棒給年輕人，帶領著華傑永續經營下去。

華傑創立之初，資本額五百萬元，發展至今達資本額兩億的規模。面對充滿變數、競爭激烈的市場環境，陳玠強調：「除了品質，還是品質。」相信華傑在保持既有優勢之下，精益求精，隨著桃園市的經濟發展，必能再創新局，朝全球前三大開關零件供應商的地位前進。

台灣華傑小檔案

＊

成立日期：1989年6月27日

資 本 額：2億元

員工人數：66人

營運項目：輕觸開關、微動開關、防水開關、金屬開關等

獲獎紀錄：2013年桃園市SBIR地方產業創新研發推動計畫獎、2015年陳玠董事長獲得第8屆百大MVP經理人獎、1999／2014／2015／2017／2020年度設計產品皆獲得國家精品獎、2019年桃園市金牌企業卓越獎——隱形冠獎

第十二堂課：學放下

華夏航科

擺脫包袱 以專業為師

文／黃筱珮 攝影／黃鼎翔

02330
AIRLINES

華夏股份有限公司草創之初，
主要是擔任母公司華航旗下飛機機身的
內外清潔、航空貨櫃、貨盤、貨網及餐車維修等業務。
2017年公司更名「華夏航科國際股份有限公司」，
擺脫既有包袱、轉型再造，
宣示走向科技化、國際化。

「各位旅客您好，我們已抵達桃園機場，離開機艙時請留意您的個人隨身物品，僅代表中華航空及全體機組人員感謝您的搭乘，希望很快能再為您服務……」當飛機平安降落、全員下機後，才是華夏航科員工準備進場的時刻，他們揮汗努力，為偌大的飛機進行清潔、消毒，讓下一趟飛行更舒適美好。

機務修護起家，經營版圖不斷擴大

說到航空產業，多數人腦海浮現的都是美麗的空服員、帥氣的機師，卻忽略了在每一趟舒適的空中旅程背後，還有不可或缺的元素：機身內外清潔及維修工作。而三十年前成立的華夏航科，就是讓飛機從內而外，飛出美麗身影的重要推手。

2020年初，新冠肺炎肆虐全球，華航擔負協助滯留海外國人返台的重要任務，華夏航科也發揮專業，在每個可能藏有狡猾病毒的機艙角落和貨櫃邊，滴水不漏地進行徹底消毒工作，阻絕疫情蔓延，讓機組人員和乘客都安心，他們是名副其實的「隱形冠軍」，更是值得掌聲鼓勵的幕後英雄。

華夏航科（原華夏股份有限公司）成立於1989年8月1日，由華航全額投資，從機務修護廠起家，創立之初員工不到百人，經過三十年努力有成，現今已擴大規模到四、五百名員工，業務範圍也與時俱進，從勞力密集的工作，逐步發展科技化、國際化等高附加價值的航空產業項目。

華夏航科專營「航空地勤業」，主要業務為航空器地勤代理服務，包括航機過境時的過夜內清及定期深度清潔、飛機機外清潔、影視系統查檢；同時也負責地勤裝備維護，包括航機裝載貨櫃、貨盤、貨網及餐車維修、空服侍應品維修等項目。

另外，華夏航科也提供支援航機修理、協同航班空中免稅店／侍應品運作、合作企業的公司環境維護，以及消毒、病媒蚊防治、線勤員調度等其他業務。近年更致力發展地面輔助運輸、車輛租賃等相關服務，不斷擴大經營版圖。

華夏航科總經理呂永南指出，華夏航科在全體同仁努力之下，如今擁有世界級最先進專業、兼顧環保科技的飛機外部及內艙清洗技術，是全台唯一同時擁有美國聯邦航空總署（FAA）及台灣民航局（CAA）授予維修廠檢定證書的航空地勤業者，在業界具有難以撼動的領導地位，並致力成為東亞地區最優良的航空貨櫃維修廠。

2017年，華夏航科更引進法國環保科技ECOSHINE飛機清洗技術，是台灣獨家代理，領先業界。

呂永南解釋說，傳統的清洗飛機流程必須耗用大量水資源，而且受到技術設備及產品特性等因素限制，需占用特定時間及地點，無法滿足航空公司有效利用地停時間、維持機隊清潔光亮等需求；但ECOSHINE這種革命性新型環保省水的飛機清洗方式，

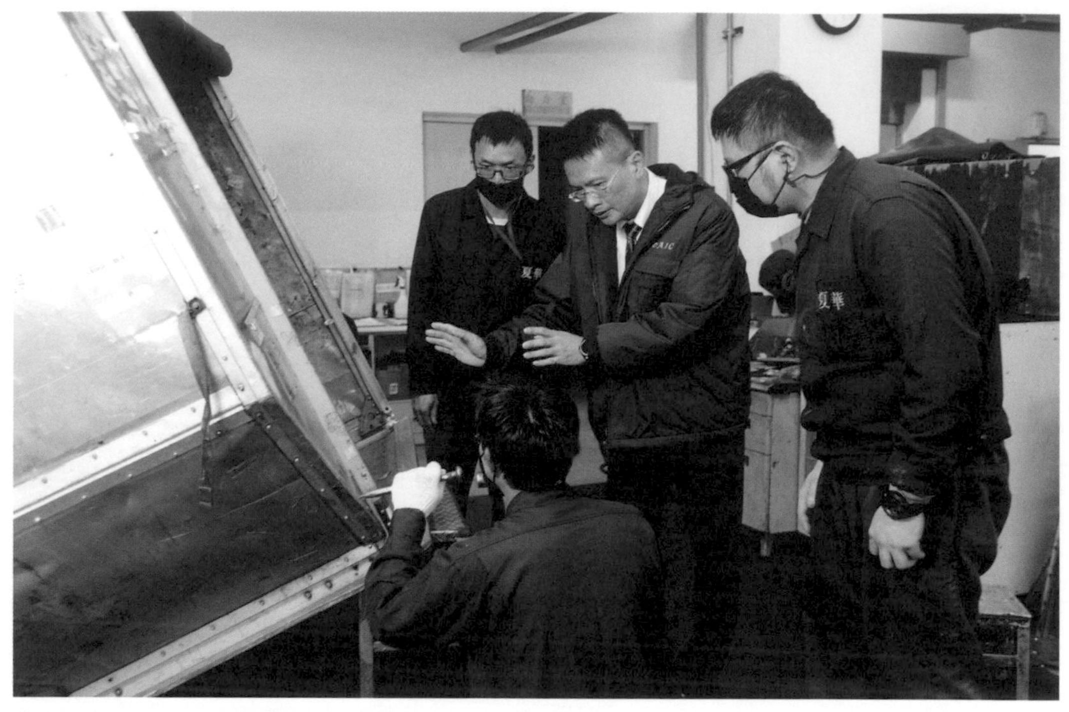

華夏航科總經理呂永南經常勉勵員工要堅持專業技術服務客戶。

可突破傳統，靈活管控流程，不受汙水處理場地的限制，為航空公司提供有效的機隊清潔管理方案。

譬如，傳統做法洗一架飛機要耗水10公噸，但採用新技術後每次只需150公升，省下9,850公升的水，省水力驚人。呂永南說：「這相當於用一百瓶礦泉水就能把飛機洗得亮晶晶，且隨時隨地都可以清洗，減少清洗飛機與修護工作間的衝突。」

此外，新技術採用奈米級乾洗劑，塗擦在機體表面後會形成薄膜，可維持光亮效果，而且環保無毒。呂永南自豪地說，這項革命性的創舉不只服務華航母公司，也獲多家航空公司青睞進而簽約採用，包括美籍聯合航空、國泰航空等都是華夏航科的客戶。但公司不自滿於此，未來要繼續尋求更新穎節能的清洗技術，持續當業界領頭羊，為環保善盡心力。

○── 渺小卻偉大的工作，疫情期間異軍突起

近年來，華夏航科持續創新精進，走出自己的路。2017年呂永南接任總經理之後，經常向員工耳提面命、勉勵大家，雖然是華航子公司，但千萬不能有吃大鍋飯的心態，要堅持專業，讓公司存在的價值最大化。

呂永南說，2018年7月25日華夏航科舉辦「29週年慶暨資深、楷模員工表揚大會」，當天回顧公司發展的影片，特別挑選歌手林俊傑的〈偉大的渺小〉當背景音樂，與全體同仁共勉。

這首歌歌詞寫著：「愛並非湊巧、我們握的手握好，我們就算很渺小，也絕不逃，握的手握好，我有多渺小也做得到。」彷彿提醒全體員工，乘客或許只注意到光鮮亮麗的空服員和機師，沒想過乾淨舒適的客艙是誰清潔的，「但是只要我們堅持，一定會被看見；只要努力，再微小的事也能彰顯價值。」

為了提升員工向心力及對自我的肯定，呂永南上任後積極參與外部獎項，鼓勵員工為自身工作培養凝聚力與價值感。

2017年華夏航科初試啼聲，即獲得桃園市績優企業「服務品質卓越獎」，隔年再下一城，榮獲「環保循環卓越獎」。2019年，華夏航科又奪下首屆桃園市金牌企業卓越獎「隱形冠」獎，連續三年獲獎肯定，展現傲人的經營成果。

呂永南說：「我深深覺得華夏航科的每位同仁都偉大而渺小，就像我們獲得的『隱形冠』獎項，大家都是隱形冠軍、是幕

後英雄。」

努力總會被看見，機會是給持續默默付出的人。一場新冠肺炎來襲，將華夏航科從幕後帶到幕前，在這波航空業因疫情衝擊的哀鴻遍野中，異軍突起，專司的消毒業務讓機組人員安心執勤，直呼「有華夏真好」、「看到你們就好安心」。

華夏航科並掌握商機，與經營商務專機及醫療救援專機業務的飛特立航空簽約，每趟飛機回航松山機場時，華夏航科立刻出動，展開全機清潔消毒作業，深獲肯定。

華夏航科更打出「航空器等級的消毒服務」，把服務對象擴及大型航空業工作區防疫合作廠商、各機場辦公作業區、社福機關、學校、社區、居家，大舉延伸服務範圍及觸角，業務不再局限於航空業，危機時期主動出擊、強勢出征。

航空貨櫃維修技術，穩坐一哥地位

在疫情期間，大放異彩的另一個營運項目是航空貨櫃（ULD）維修服務，呂永南指出，新冠肺炎疫情重創航空客機業務，各業者紛紛搶進貨運市場，華航十八架貨機天天出動，帶動航空貨櫃維修需求。

華夏航科擁有台灣最具規模、唯一榮獲美國FAA與台灣CAA認證的「航空貨櫃維修中心」，提供高度技術性和專業維修服務，裝修工廠裡堆滿大量等待維修的航空貨櫃，業務量比起疫情前不減反增。華夏航科更是全球最大的航空貨櫃和餐車維修服務商——瑞士大廠Unilode唯一指定承接亞太地區航空貨櫃業務的企業，國泰航空、Scoot（酷航）都是Unilode的客戶，可見華夏航

1. 華夏航科舉辦員工壘球比賽，凝聚彼此向心力（圖／華夏航科提供）。
2. 與瑞士大廠Unilode簽署合約，華夏航科成為唯一指定承接亞太地區航空貨櫃業務的企業（圖／華夏航科提供）。

科貨櫃維修技術在國際間備受肯定。

此外，華夏航科也跨足航空貨櫃委託代工（OEM）航空貨櫃組裝業務，在這波疫情期間正好派上用場，帶進更多商機。

在百業蕭條之際，華夏航科的航空貨櫃修護廠卻忙碌不已，呂永南前往廠區為辛苦的工作人員加油打氣，看著因業務量擴充逐漸不敷使用的廠區，他已提出擴大廠區的申請，要乘勢追擊，穩坐航空貨櫃維修不可撼動的一哥地位。

如今華夏航科已在業界打響名號，但呂永南回想起三年前剛到任時，眼前盡是挑戰。他感慨地說，當時經營局面很艱難，剛好碰上華航空服員罷工事件，雖然危機最後在勞資雙方協商加薪後落幕，對公司卻元氣大傷。

呂永南說：「華夏航科當時年營收約四億元，稅前盈餘四、

華夏航科經營理念

穩健踏實、勇於創新、
一步一腳印打造國際級競爭力。

五千萬元，應工會要求每個人齊頭式加薪八千元，等於吃掉全年獲利。」雖然知道這對公司有著強大的殺傷力，但在種種考量之下，只能接受這樣的做法。

事過境遷後，他勉勵全體員工「齊頭式加薪」對於企業經營績效沒有任何幫助，只要大家肯努力，一起讓公司變得更好、創造收益，「領的絕對不只這樣。」

呂永南的承諾沒有食言，2017年至今，華夏航科營收一年高過一年，2019年員工年終獎金高達3.3個月，遠高於華航母公司，也遠比當年每人加薪八千元更好，他欣慰地說：「這是全體員工共同打拚收穫的甜美果實。」

賞罰分明打造鋼鐵紀律，晉身金牌金業

把公司帶到新高度，呂永南有一套經營心法。他認為，華夏航科並非私人公司，有半官方色彩，所有作業程序都得依規定執行，「把規矩講在前頭，如果遵守且做好，那就有賞；若破壞規矩體制，就得接受處罰。」賞罰分明，中間沒有模糊地帶。

呂永南強調，「賞」務必即時，讓員工感受到誠意才具激勵效果。譬如，曾有無良乘客把排泄物塗抹在客機廁所，造成嚴重汙損，負責清潔的員工分工合作，把穢物洗淨，廁所刷得「白帥帥」，呂永南立刻為辛勞的同仁報團體獎金，慰勞他們的辛勞。

為了更貼近員工，呂永南也經常自掏腰包，買Pizza、可樂，和員工們一起分享、搏感情，謝謝大家的付出。他希望同仁們有事直說，大家互信、開誠布公，不要私下耍心機、玩把戲，把公司當成大家庭，把同事當成無話不說的家人。

華夏航科協助弘化育幼院消毒，為孩子們打造清潔安全的環境（圖／華夏航科提供）。

在「罰」的部分，呂永南也不手軟。他上任之初即告誡同仁，到機上進行清潔工作時，「飛機的侍應品不能拿，」即使是機上的枕頭、毛毯、撲克牌、耳機等小物，別以為沒人看見，邊清潔邊往自己的口袋塞，「只要被查獲一定辦。」

他經常把「能要、該要的才要，不能要、不該要的千萬不要」這句話掛嘴邊，但還是曾有同仁不以為意，拿取機上侍應品，受罰的結果就是開除。呂永南說，或許有同仁覺得事情沒有那麼嚴重，其實若要認真追究，不只違反公司紀律要被開除，還算偷竊行為，可以報警法辦，諸如此類的陋習必須革新戒除，不能睜隻眼閉隻眼含糊帶過。

工作績效同樣不能馬虎，呂永南嚴格要求客艙清潔的品質，以紅、黃、綠三種燈號代表清潔效能，他每日檢視報告，如果亮紅黃燈，代表清潔成績不合格，就要懲處。

嚴格要求工作品質之下，在有「航空界奧斯卡」之稱的Skytrax客艙清潔評比中，華航2018年排名全球航空公司第14名，2019年進步到第11名。呂永南說，Skytrax是全球航空業的權威調查機構，雖然未進前三名，成績卻是真實呈現，因為並未特別安排受檢飛機機號，顯見華夏航科執行客艙清潔的成果獲得肯定，同仁的辛苦沒有白費。

呂永南相信，以華夏航科這樣一家三十年的老公司，有優良傳統，難免也有傳統包袱，「身為專業經營者，要學會放下既有包袱，也要有破釜沉舟的變革決心。」只要樹立正確的觀念與文化，深植每位員工的DNA中，大家共同遵守，一定會讓公司不斷向上提升，晉升小而精緻、小而強大的「金牌企業」。

華夏航科小檔案

*

成立日期：1989年8月1日
資 本 額：7,700萬元
員工人數：約500人
營運項目：航空地勤作業服務，包括飛機清洗、航空貨櫃維修產線等，除服務華航本身機隊外，也接受其他國際航空公司的訂單
獲獎紀錄：2017年桃園市政府績優企業服務品質卓越獎、2018年桃園市政府績優企業環保循環卓越獎、2019年桃園市金牌企業卓越獎——隱形冠獎

OF
EL SALVADOR
CROP
COSECHA 2013-201
BORGONOVO POHL, S.A.DE
CLEAN COFFEE
PRODUCT
09 018

第十三堂課・學當責

源友企業

溫柔力量撐起咖啡王國

文／黃筱珮　攝影／賴永祥

不說你可能不知道，
全台灣消費的每四杯咖啡中，就有一杯來自源友。
這家隱身在桃園市平鎮區、全台最大的咖啡烘焙廠，
不斷優化製程及服務品質，重金培訓專業人才，
是全台認證杯測師最多的企業，
近年來發展自由品牌，預備在精品咖啡界中發光發熱。

源友企業平鎮總廠的烘豆區，飄出陣陣咖啡香。一袋袋經杯測師鑑定過關的高品質生豆，透過全自動產線進入篩豆、烘豆流程，二十分鐘不到，一大鍋360公斤的咖啡熟豆完美出爐。但這並未完成，烘焙後的熟豆，還要經過儲存、醒豆、混豆等過程，拿捏出最佳黃金比例才能進行包裝，送到倉儲準備出貨。

台灣咖啡文化盛行，街頭巷尾咖啡館林立，超商也能隨時來一杯，黑金商機無限。1985年源友成立時，以食品原料代工廠起家，嗅到咖啡商機後，2009年正式切入咖啡市場。2018年，台灣全年進口兩萬八千多公噸的咖啡生豆，其中四分之一由源友烘焙，總營收從2010年的六億多元，大幅成長至十五億元。

但這一路走來也曾荊棘密布。

十年前源友在咖啡烘焙市場逐步站穩腳步，正準備擴充新廠大破大立之際，創辦人朱永正卻驟逝，公司頓失依靠，群龍無首，源友二代與員工們並肩努力，扛起這得來不易的咖啡王國，在悲傷中堅強，在溫柔中堅定，守住創辦人的心血發揚光大，也從咖啡產業的幕後一步步走向幕前，打出自有品牌，直球對決，在競爭激烈的咖啡市場擴大版圖。

源友企業總經理呂明哲表示，公司深耕桃園三十多年，秉持「全面品質經營」的核心信念，穩健踏實發展至現今規模。源友產品除烘焙咖啡豆外，也供應茶葉、萃取液及研磨穀粉等原物料，獲台灣許多知名食品大廠原料採購。

默默耕耘，增強核心競爭力

進入咖啡通路至今十多年來，源友業績逐步成長，如今更成為國內咖啡豆供應第一大廠。不過萬事起頭難，呂明哲回憶說，當年剛進入咖啡相關產品線時，「有點像入門的小媳婦，吃了不少悶虧。」

呂明哲說：「當時源友規模不比現在，進貨數量不多，採購時沒有什麼談判空間，曾經買到瑕疵豆，去跟供貨的上游廠商理論，對方卻愛理不理，還回嗆：『下次不賣你們了！』」

這個教訓讓經營團隊領悟：唯有自己先變得強大，才能更有力量。此後，整個團隊更加兢兢業業，靠著每一次品質把關獲得客戶信賴，買到瑕疵豆寧可認賠也不出貨，而在堅持、認真的口碑建立起來之後，源友的客戶不斷增加，咖啡豆供應量持續上升，帶動營收成長。2014年源友在平鎮擴建新廠，增加兩倍產能，同時精簡產品線，把主力鎖定在咖啡和茶產業領域。

隨著近年台灣咖啡市場成熟，消費者不再滿足於平價商業豆，源友為了尋找更好的產品，遠赴咖啡產地挑選精品豆，不但愈做愈專精，同時積極拓展產品線。

呂明哲分享，要做出一杯好咖啡，從生豆、烘豆到沖煮，每一步都是關鍵，其中生豆更是最重要的關鍵所在，「可以說，豆

1. 源友企業遠赴咖啡產地挑選精品豆，掌握好咖啡的重要關鍵。
2. 在源友企業的觀光工廠中，可以看到咖啡相關歷史。

子一出生就已經決定了咖啡的好壞。」因此，源友直接前往產地尋豆，在現場進行咖啡杯測，找到好原料就贏了一半。

公司也鼓勵員工考取杯測師證照，因為杯測師能為公司評測咖啡豆等級、開發新產品。如今源友擁有二十多位國際咖啡品質鑑定學會（CQI）認證的杯測師，人事成本比同業高出三成。呂明哲說：「我們的認證杯測師，質與量是全台灣數一數二的，致力開發更專精的產品，人力對我們來說是最寶貴的資產。」

源友強大的專業團隊，嚴格把關每一批採購的咖啡豆，不符合風味或品質的就淘汰。呂明哲表示，有時一百個咖啡豆樣品中，杯測師只挑出最棒的四、五個，堅持替客戶把關的信念。

源友投注如此大量隱形成本在原料管控上，也是供應大廠最佳原料的隱形推手，因而獲得2019年底桃園市經發局頒發金牌企業卓越獎「隱形冠」獎，各方面實至名歸，是給企業和員工最好的肯定。

除了致力培養咖啡及茶葉的專業人才，源友多年來制定標準作業流程、人員教育訓練，大幅提升產品品質，奠定在連鎖咖啡通路供應鏈的冠軍地位，並引進企業資源規劃（ERP）系統，進行原物料生產履歷溯源及生產製程管理，同時投注大量檢驗成本，確保咖啡與茶葉的食品安全，以符合大廠標準，更守護消費者的安全和健康。

曾經有上游供貨廠商說：「最難搞的客戶就是源友。」乍聽之下雖像是抱怨，呂明哲卻樂於接受，他認為這是對公司的最佳肯定，有源友把關，客戶和消費者就可以放心，換言之，「源友出品，必屬佳作」。

「以最高規格把關，就是希望送到消費者手上的每一杯咖啡，口口香醇、口口安心，這是每個環節都不馬虎、用感情烘出來的『深情咖啡』，」呂明哲感性地說。

創辦人驟逝，員工擦乾眼淚繼續拚

回想起二十七年前，呂明哲進入源友工作，從業務做起，他笑說：「現在全公司，大概只有在總廠大門邊展示的骨董烘豆機比我資深吧。」這台源友最早的烘豆機，是從日本二手市場購入，一次可烘60公斤的咖啡豆，應該是當年全台烘量最大的機器，現已退役。

如今，取而代之的是三台大型新穎、德國進口的專業炒焙機，一台可烘120公斤、另兩台可烘360公斤；而二十分鐘可烘完的360公斤豆，一次就能供應一萬五千杯咖啡。

位於平鎮的源友總廠區，2014年開幕，一年要處理近萬公噸的咖啡豆，不但數量是全台最多，產線也是最先進，已成業界仿效的典範。「如果老董事長看到今天源友的成就，應該也會點頭稱許吧，」呂明哲說。

2011年4月，源友創辦人朱永正到大陸出差，卻因為心肌梗塞驟逝，沒有留下隻字片語，公司上下頓失依靠。

呂明哲說，朱董驟逝前一個月，才因為看好咖啡市場的發展，買下這個新廠房，卻來不及圓夢就離世，「當時，好像一直為你遮天擋雨的保護傘突然不見了。」群龍無首、團隊成員茫然不知所措，源友創立以來從沒見過的衝擊鋪天蓋地襲來。

「要放棄蓋新廠嗎？」「如果放棄，董事長的心血就白費了！」「要再繼續投入嗎？」「可是得花不少錢！」朱永正離世後，公司內部出現各種討論聲浪。最後大家決議，既然老董事長看好這個市場，也花錢買了廠房，公司更是難得蓋一次新廠，呂明哲說：「我們不只要蓋，還要蓋最好、最標準的，不論多辛苦都得做下去，不能讓老董事長失望。」

「擦乾眼淚，大家一起扛起來！」源友企業失去向來的強大支柱後，努力求生，朱永正遺孀李惠芝、朱家第二代朱茂亨也從失去至親的悲痛中振作起來，勇敢承擔，帶領公司同仁再出發。

舊產線新組裝，完成烘焙自動控制系統

沒有太多時間悲傷，除了維持營運，還要同時籌劃新廠事宜，商場如戰場，腳步不能停下。呂明哲表示，籌劃新廠的細節

1. 源友企業藉由參與國際專業咖啡展，將市場推向國際（圖／源友企業提供）。
2. 源友十分重視專業咖啡人才的培訓，也會透過舉辦活動，與民眾分享沖泡一杯好咖啡的祕訣（圖／源友企業提供）。
3. 從生豆、烘豆到沖煮，每一步都是沖出好咖啡的關鍵點。

如麻，不只要在有限預算下建置最先進產線，而且當時台灣沒有參考範例，只能上網蒐尋歐美國家的做法，一步步完成廠房電腦化控制系統，把產品錯誤率降到最低。

呂明哲說，對源友這樣的大廠而言，標準化、資訊化非常重要，試想一百公斤的咖啡豆要烘出同樣的味道還算容易，但是如果每天烘豆量達到二十公噸，如此龐大的數量，要達到品質穩

源友企業經營理念

在食品原料端深耕，發展卓越製程、多元產品及精緻服務，
並以既有專業延伸上下游合作，整合各方資源，
力求安全品質與產值效益的極大化，提升競爭力。

定、風味一致，就是大學問，不論是投料、炒焙時間、配方、混豆比例，都必須由電腦精準控制。

「只是，要去哪裡找這種生產線呢？」呂明哲說，源友的舊廠當時已是非常先進的設計，但是距離理想目標仍遠。找了國外資料發現：歐洲雖有理想設計，但訂購整條產線要價高達數億元，根本是天文數字。

束手無策之際，一位義大利員工上網查到歐洲有一家舊廠將結束營業，整條生產線要拆掉，於是這位員工到歐洲駐點，跟當地人搏感情，花了幾個月，終於用相當便宜的代價購回，公司甚至派員到當地把該廠舊線管路拆下帶回台灣，重新組裝，不足之處再請工程師寫程式改進得更完善，咖啡烘焙的自動控制系統終於在源友實現。

儘管如此，先進產線仍有美中不足之處，進口的咖啡生豆難免摻雜小石頭等異物，為了降低不良率，源友又斥資兩千萬元增設「咖啡生豆清理線」，從粗選機、除石機、色選機一共三台。

呂明哲說：「一般烘焙廠大概只設置一台前處理機台，我們則有三台，能從咖啡生豆中篩選出瑕疵豆、小石頭、金屬物質等異物，還曾經清出乾掉的蛇、硬幣等，從生豆開始把關，維持最高品質。」

延伸布局，打造精品咖啡自有品牌

2015年，「源友咖啡文化園區」成立，觀光工廠的樣態帶領消費者從咖啡樹開始認識起，園區還安排專人詳盡介紹咖啡的產業知識、文化導覽、工廠製程、品質控管等，並設置互動區、

DIY體驗，以及Alpha Coffee & Tea的舒適門市空間，讓參觀者可以坐下來喝杯咖啡，還有杯測師教育訓練與認證教室教學課程，讓消費者更全面地認識咖啡，拉近與咖啡之間的距離。

2018年，源友再跨出一大步，從中游供應端的角色，延伸到下游終端通路，推出屬於自己的咖啡品牌「CAFE!N硬咖啡」，在台北市這個咖啡市場的兵家必爭之地攻城掠地。

取名「CAFE!N硬咖啡」，靈感來自於咖啡師在挑選咖啡生豆時，豆子質地愈硬代表品質愈好，同時也傳遞源友企業在台灣深耕超過三十年的超硬實力。

「CAFE!N硬咖啡」以平實價格販售冠軍級的咖啡，由冠軍杯測師挑選生豆、專業烘豆師及團隊端出的好咖啡迎戰市場，一開幕就大排長龍，成為網紅打卡熱門店家，業績亮麗耀眼。

源友也成立全新咖啡生豆品牌「源溯咖啡 WESOURCE Coffee」，邀請領域中咖啡冠軍及專業職人們，直接前往產區哥倫比亞溯源，尋找不同風味且品質穩定的咖啡生豆，深入了解生豆原生資訊及處理方法，實境分享在地人文故事和風土民情，讓「源溯咖啡 WESOURCE Coffee」不只是個生豆品牌，更是一個分享咖啡產地文化的平台。

精緻化、細微化，讓國際看見台灣的競爭力

呂明哲說，當公司發展到一定程度，業務觸角必須往外探索，多角化經營追求再成長。源友已是台灣第一名的咖啡烘焙廠，運用企業在咖啡業界累積數十年的經驗，嘗試新品項、新通路，服務再精緻化、細微化，這也是其他業者望塵莫及的優勢；

另一方面也積極開拓海外市場，把餅做大，讓國際看見台灣企業的競爭力。

身為一個既傳統又創新、已具規模仍不斷成長的企業，呂明哲定位源友為「學習型企業」，公司長期投入顧問輔導課程，鼓勵員工多學習、犯錯不要隱藏，正視問題、解決問題，公司才能不斷進步，秉持創辦人「誠信正直」的信念，對客戶、對公司內部，都要有同樣的精神。

十年前被延攬至源友擔任營運部經理的楊美枝則表示，從來沒看過呂明哲罵人，他總是用鼓勵代替責罵，這裡有傳統產業的溫暖，也有新創事業的生命力，員工們經常相約在咖啡廳裡，喝咖啡聊聊工作心得，她說：「就像用咖啡香維繫好感情。」如果有一天退休了，回憶在源友任職的這段往事，微笑的嘴角一定揚得高高的。

源友企業小檔案

*

成立日期：1985年3月18日
資 本 額：6億元
員工人數：177人
營運項目：咖啡、茶葉、穀物、萃取液相關產品原物料供應
獲獎紀錄：2019年12月桃園市金牌企業卓越獎——隱形冠獎

05

學習與大自然共榮共好

打造綠色奇蹟

一場疫情打亂了生活、影響了經濟發展，
大自然反撲的力量讓人類覺醒，
加速腳步走向友善環境的生活模式。
這些企業掌握先機，早早投入綠色環保領域，
從日常清潔用品、回收資源再利用，
建構綠色製程、落實環保於生活等不同面向，
打造綠色奇蹟，與地球一起好好生活。

清淨海生技

綠電再生

歐萊德

台積電先進封測三廠

第十四堂課．．學堅持

清淨海生技

許地球一片清淨的海洋

文／廖靜清　攝影／黃鼎翔

6 潔淨水資源
CLEAN WATER AND SANITATION

與水共生 與環境共好
All in green, green for you.
環保・不妥協

清淨海生技從天然洗劑代工起家，
產品取得多項環保標章，開發專利洗衣球膠囊遇水瞬間溶解，
啟動洗衣新革命，堅持與水共生、與環境共好的理念。
2020年由專業經理人林世隆接任董事長，
將秉持理念，推動綠色製造及綠色供應鏈，
許地球一片清淨海。

2020年總統選戰打得火熱，鴻海董事長郭台銘在初選期間，所到之處引起許多話題。有次，郭董前往一家廠商參訪，聽完簡報後不僅脫下西裝外套親自洗盤子，更直接拿起洗淨的盤子當場舔了幾下，證明洗劑安全，這家公司就是清淨海生技。

清淨海生技創辦人羅志禮原本從事電子塗料業，因緣際會下接觸日本的天然洗劑，開啟艱辛的創業歷程，後來不僅開發出環保、多用途天然洗劑，更成功回銷日本。

事實上，全球暖化、氣候變遷狀況日益嚴重，節能減碳環保意識日漸抬頭，友善環境的綠色產品亦成為趨勢，品項廣布日常生活用品。以市面上的清潔用品來說，選擇琳瑯滿目，但真正屬於環保洗劑的並不多，大多只是標榜天然，但清淨海生技所開發的產品不只強調天然，更符合最嚴苛的環保標準，期許成為天然環保洗劑的專家。

承襲日本技術，生產超環保洗劑

清淨海生技早年以代工生產天然洗劑起家，環保洗劑產品取得多項國家認證。羅志禮回憶初次接觸日本的環保洗劑時，深深感受到與石化洗劑的差異，也讓他回想起小時候在家鄉，成群魚兒在河川裡悠游的景象，後來因環境汙染和破壞，很難再見到清澈潔淨的溪流。

於是，他開始思考如何在環境保護與產業發展之間取得平衡，決心投入天然、環保洗劑市場，他認為企業家不能只在意賺錢營利，也要負起企業責任，為環境盡一份心力。

起初，清淨海與日本企業合作生產多用途天然洗劑，並回銷至日本市場，洗劑本身以天然與植物性來源成分研發，成分中的海鹽還能淨化水質，深受日本消費者喜愛。

後來，長期合作的日本客戶為了減少運輸時間、成本及關稅等費用，將生產基地遷回日本，羅志禮因之學習取得關鍵技術，重新改良後開發出符合台灣人使用習慣的天然環保洗劑。

秉持「環保，絕不是一朝一夕」的信念，羅志禮一步一腳印地朝目標前進，在努力增加營收的情況下，也減輕生態環境的負擔，創造另一波綠色經濟。

爭取國家認證，宣揚環保觀念打開知名度

不過，早年在台灣推廣環保產品並不容易，清淨海生技一直處於虧損狀態，但羅志禮認為：「重視環保對地球很有意義，應該堅持落實。」便持續帶領團隊不斷投入研發與創新。

為了讓更多民眾看見並了解天然環保洗劑的好處，共同為地球盡一份心力，清淨海生技從爭取國家認證著手。2005年，環保洗衣粉、環保洗碗精、環保洗手乳、環保沐浴乳相繼取得台灣環

保標章認證，專業與品質都受到肯定，再藉由持續地推廣奔走，參加各項環保產品競賽，知名度與能見度逐漸提升，綠色環保理念也逐漸被民眾接受，並在台灣市場取得一席之地。

做為國內最早投入取得環保標章的業者，清淨海生技一向都以最嚴格的環保標準來生產產品，即使原料成本較高、製程較複雜，也堅持不添加多餘化學成分。根據環保署統計，清淨海生技迄今是全台獲得最多環保標章認證的洗劑產品廠商，被譽為「環保標章之王」，一點也不為過。

此外，為了提高產品辨識度及宣揚綠色環保理念，清淨海生技拓展行銷通路，以往多數產品都在公家機關銷售，自2012年起，全面在大型連鎖量販超市上架。緊接著又進軍網路購物、電商市場，與屈臣氏、全聯推出獨家品項，努力將綠色環保產品推廣至一般消費市場，藉由各通路平台開發潛力客群。

洗衣球膠囊引領世界潮流

2007年，是清淨海生技的重要年分，其獨創的「可溶解無汙染膠囊包覆技術」，陸續榮獲台灣、中國、美國發明專利，正式開創洗劑新紀元。

之所以投入研發可溶解無汙染膠囊包覆技術，並製作成洗衣膠囊球，是因為羅志禮為了推動環保理念，把具有化工專業背景的兒子羅允俊找進公司，幫忙產品研發，經過兩年鍥而不捨的投入，並與工研院、塑膠中心和學界進行合作交流，終於將原本瓶瓶罐罐的包材，變成一顆顆神奇的膠囊球。

羅志禮表示，洗衣膠囊球就是將濃縮的天然洗劑包覆在獨特

1. 清淨海生技以天然環保為概念，推出各種日常清潔用品。
2. 洗衣膠囊球輕巧好用，在各國拿到多項創新發明獎（圖／清淨海提供）。

薄膜裡，薄膜遇水即溶，只要一顆就能搞定洗衣需求，簡單方便、不沾手，更省去瓶瓶罐罐的包裝，提供消費者輕巧、定量、方便的選擇。

這項發明專利在2008年獲得「瑞士日內瓦國際發明展金牌獎」與「羅馬尼亞國家特別獎」，之後陸續在各國拿到多項創新發明獎，成為歐美廠商爭相合作的對象，堪稱台灣之光。

目前，洗衣膠囊技術在歐美國家已有七成市占率，把洗衣、抗菌、去汙功能全都濃縮在一小顆膠囊裡，快速溶解、無汙染等特性，受到消費者的喜愛，幾年前已經從歐美國家紅回台灣，市場接受度與市占率迅速增加。

最重要的是，膠囊包覆技術可省去每年上百萬罐的包材垃圾，相當於減少1,574座臺北101大樓的垃圾量。

員工制服上的「97%」字樣，代表清淨海生技對社會的承諾。

相較於成本低廉的石化洗劑，強調安全、環保的洗劑成本自然高出許多，於是，清淨海生技省下大筆廣告行銷費用，盡可能壓低售價，以平實價格回饋給消費者，這也呼應羅志禮說的：「環保，要大家都來用才有意義！」

默默耕耘、用心經營多年的清淨海生技，開發出膠囊球專利，2018年開始生產自有品牌的第一支洗衣膠囊產品，開創出全新局面。

除了洗衣膠囊球，清淨海生技開發的自有品牌，也陸續取得二十項產品環保標章，應用領域幾乎涵蓋各個日常生活面向。其中，洗車精更是全台第一個、也是唯一取得環保標章的洗車精，生物可分解度高達97%。

97%的生物可分解度

清淨海生技的環保理念不只落實在自家產品，更深化成為企業文化，而員工制服上印著大大的「97%」字樣，則代表清淨海生技所有產品都可達到97%的生物可分解度。

所謂的生物分解度，是指清潔劑溶液能被微生物分解消化的百分比，分解度愈高表示清潔劑愈容易被微生物分解，殘留於水中之清潔劑就愈少。依據環保標章的標準要求，清潔用品的生物分解度須達95%以上。

至於97%又是什麼樣的概念？

97%是目前檢驗儀器可以呈現的最高數值，97%的生物分解度代表清淨海生技的社會責任，也是對環境生態的一份承諾與堅持。喊環保口號很簡單，真正落實卻不容易，化學成分要做到抗菌、洗淨不難，但是天然洗劑要做到安全無害、徹底清潔，並達到環保標章的要求，就不是一件簡單的任務，何況清淨海對產品要求，比現行的環保法規更高。

不論代工或自有品牌，清淨海生技堅持綠色環保製程，從原料、源頭開始做好綠色管理與製造，全品項百分之百的環保配方，調合天然植物萃取，對人體安全無害，對地球不造成汙染，即使直接排放到河川裡都沒有問題。

高標準堅持理念，也為清淨海生技贏得許多獎項，其中一款

清淨海生技經營理念

傻傻堅持、做下去，成功絕對不是一朝一夕，
堅守初衷才能走得久、走得遠！

環保洗衣粉獲得經濟部國貿局第3屆台灣綠色典範獎的「綠色典範產品」，凸顯清淨海生技的綠色軟實力。

然而，清淨海生技並不因此滿足現狀，持續開發其他環保洗劑產品，改良創新，推出更環保、更有競爭力的產品。2018年12月，清淨海生技正式掛牌興櫃，期待綠色環保可以從潮流變成主流，帶動綠色消費新趨勢。

專業接班，邁向永續經營

2020年，是另一個重要的轉捩點，原任執行長兼總經理的林世隆接任董事長職務，接手帶領清淨海生技團隊；也在力麗集團參與經營後，逐步改善了業務、生產、財務、管理等各項體質。同時秉持清淨海初衷，並加入力麗集團之共同理念，更加完善環保、技術、品質三大方針的天然環保洗劑專家定位。

林董事長笑稱自己是個工作狂，每天七點半以前就到公司坐鎮，親力親為，八點產線一開工，便親自巡視每一道作業流程並管控品質。

公司現行的五大堅持守則：「堅持與水共生、與環境共好；堅持環保內料無添加多餘有害物質；堅持拒用有毒PVC與鹵化塑膠材；堅持師法豐田，品質至上；堅持以客為尊，誠信經營。」是公司每位員工都知道且嚴加奉行的。

資深員工私下透露：「林董事長每天最早到公司、最晚下班離開，幾乎以公司為家，為了縮短上下班通勤時間，還在附近租房子，只有假日才回到台北住家。」

行銷團隊則形容林世隆是一個充滿熱忱、熱血有衝勁的領導者，行動派做法，做事一絲不苟，讓跟在他身邊的高階主管完全不敢鬆懈。就是有這樣的企圖心和使命感，才能引領清淨海生技邁向下一個二十五年，實現企業永續經營的理念。

為了精進經營團隊的溝通、決策效率，林世隆一上任就調整組織各層級的溝通模式，以提升橫向溝通效率，增進專案管理的品質。林世隆認為：「人才是企業最重要的資產。」不會因為經營團隊調整，而改變原有福利和工作內容，反而為了提升員工士氣與向心力，提出各種激勵與回饋員工的新做法。

轉型升級為Design House，提高競爭力

如今，清淨海生技隸屬於力麗集團旗下的環保洗劑事業，展望未來環保洗劑市場仍大有可為，須即時因應消費者需求轉變，推出更適合消費者使用的產品。「在市場快速發展下，目前廠區已不敷使用，正著手規劃新廠房，添購新的儀器設備，全面升級生產基地，」林世隆說。

此外，仔細觀察清淨海生技內部的陳列架，代工、自有品牌的產品一系列排開，含括家庭清潔用品（清淨海、歐瀅、香草淨）、個人清潔用品（凱特的祕密、黑豆水、輕花萃）、防疫性產品（Dr. VK、植不叮）……，琳瑯滿目，林世隆坦言：「自有品牌產品雖多，卻沒有挹注足夠的市場行銷預算進行推廣，反而削減了市場上的競爭力與銷售潛力。」

未來，清淨海生技將逐步調整營運策略，將原本以自有品牌為主，改為自有品牌與代工兼顧。林世隆認為：「關鍵技術才是清淨海的核心價值，公司將轉型為Design House，集中資源在特

定的客製化代工，並將專利技術與成果發揚光大。」

他心中已然擘劃好未來企業發展藍圖：加強公司後續競爭力，在廠區優化上增設符合標準化妝品之潔淨車間、增購自動化設備以提升人均產值；也為提升電子商務與物流能力，增購WMS系統、整合廠倉運作以加速周轉；區隔市場、布線產品，避免無謂的價格競爭。膠囊技術則將多方廣泛運用到其他洗劑產品上，推出更多元用途的下一代膠囊產品。

清淨海生技秉持初衷，堅持與水共生、與環境共好的理念，在有了力麗集團資源的挹注與加持後，此刻，清淨海生技正站在巨人的肩膀上，不僅看得更遠，相信也將跳得比以往更高。

清淨海生技小檔案

*

成立日期：1996年4月18日

資 本 額：2.51億元

員工人數：83人

營運項目：代工或自有產品研發與製作各式環保洗劑

獲獎紀錄：2007年研發可溶解無汙染膠囊包覆技榮獲台灣發明專利；2008年榮獲瑞士日內瓦國際發明展金牌獎、羅馬尼亞國家特別獎；環保洗衣粉榮獲第3屆台灣綠色典範獎；赴日本東京參加「2013 Eco Products」展覽會，榮獲環保署頒贈「推廣綠色消費優良業者」

第十五堂課．．學合作

綠電再生

在城市礦山創造循環經濟奇蹟

文／廖靜清　攝影／賴永祥

由十二家家電製造業者共同籌資成立綠電再生，
憑藉著共同理念和堅持，從雜牌軍躋身環保界金牌生力軍。
截至目前，已回收處理超過1,950萬台廢家電與資訊產品，
讓18.4萬公噸的鐵、1.8萬公噸的銅與0.77萬公噸的鋁，
進入循環經濟迴圈。

家電、資訊產品已成為生活的一部分，當這些產品淘汰之後，回收再利用能幫助資源循環，更能避免有害物質汙染環境、傷害人體健康。

八〇～九〇年代，台灣經濟起飛，民眾收入提高，許多家庭開始有能力購買家電，廢家電也隨之增加，但當時環保意識不普遍，廢家電常被隨便丟棄在河川、田邊；經銷商銷售新家電的同時，雖然也協助回收廢家電，但逐漸堆積如山無處擺放，束手無策之際便任意丟棄，造成嚴重環保問題。

產業大團結，解決電子廢棄物汙染

為了有效解決廢家電的問題，環保署1997年在《廢棄物清理法》中列入資源回收處理項目，1998年3月正式實施，鼓勵業者投入資源回收技術開發與再利用。

而綠電再生公司正是因應這股環保趨勢而成立，將垃圾變黃金，藉由回收挖掘都市礦山，讓各種廢棄電子電器變成再生原料，實踐「製造者責任延伸」的精神。

從廢家電及資訊產品回收出來的銅、鐵、鋁、塑膠（由左至右），經過回收後，將成為可再利用的資源（圖／綠電再生提供）。

回首二十二年前公司成立歷程，綠電再生公司董事長洪敏昌娓娓敘述環保初衷：「業者在生產之初，就應該納入家電報廢處理的思維，善盡企業社會責任。」

當時，普騰電子董事長洪敏昌、東元集團會長黃茂雄、聲寶公司總裁陳盛沺等人，經常聚會討論該如何解決問題。

這幾位家電產業龍頭企業家，深感企業社會責任深重，決議由電電公會出資，帶著業者組團前往當時全球處理廢家電技術最先進的德國考察，同時轉往日本參訪試驗示範工廠的具體做法。

德國位於溫帶地區，家電類型與亞熱帶的台灣不盡相同。譬如：德國的冰箱體積小、零件少，大多採用整機破碎法，分離出有用的銅、鐵、鋁等金屬成分，加以回收再利用即可。

日本又是另一種模式，業界投入五、六十億日元，組成一家試驗性質的工廠，負責處理四機一腦（電視、冰箱、冷氣、洗衣機、電腦）的回收工作，並進一步分析如何拆解家電和回收可再利用的金屬，建立起可商轉運作的機制。

共創基金，開啟廢棄物處理新模式

參訪團回台之後達成共識，認為可由業者主導，共同解決廢家電回收問題，並參考德、日做法，讓業者自由投資，成立家電產品回收處理廠，進行資源回收再利用的工作。

半年之後，這個目標終於落實。現任綠電再生董事長洪敏昌回憶：「那一天我找了黃茂雄會長、陳盛沺總裁，以及台灣松下董事長洪敏弘（洪敏昌的二哥）和處長杜豐生協商，當天立即決議一起成立台灣第一家廢家電回收廠，大家各自回去召開董事會，準備籌募資金和參與實際運作。」

1998年8月，十二家電器及家電業者籌資，正式成立綠電再生股份有限公司，主要股東包括：台灣松下電器、東元電機、普騰電子、台灣三洋、大同、台灣日立、富帝國際等大廠。2000年元月，綠電再生取得環保署公告應回收處理業登記證，正式開始回收處理，由洪敏昌擔任董事長。

在看過國外的運營模式後，洪敏昌深感如無政府的補貼，處理廠勢必無法運營，而在考量不增加政府額外負擔的情形之下，經過眾人集思廣益，加上行政院和環保署協調溝通，逐漸形成共識，決定從源頭著手：無論國產或進口家電出廠時，必須預付家電廢棄物處理費做為基金。

如此一來，政府不僅無需要支付任何費用，甚而可由基金中取用一定比例，來成立基金管理委員會，負責掌握基金運作。回

綠電再生舉辦二十一週年廠慶活動，員工們身穿制服參與，顯現出強烈的向心力（圖／綠電再生提供）。

收基金的制度創下家電廢棄物處理的嶄新模式，也為台灣推動環保掀起新時代的序幕。

綠電再生公司從成立、建廠、購置設備到營運，前後只花了一年半的時間，堪稱環保界的奇蹟，比起步早的日本進度更快，是亞洲第一個、也是全台灣最大的廢家電和資訊產品處理廠，更是國內第一家取得合法回收處理執照、中部以北唯一合格可以從事廢棄電子電器回收處理工作的廠商。

台灣經驗成典範，各國取經

洪敏昌說：「當時全球各國推動廢家電回收處理，做最好的就是德國、日本和台灣，而台灣採取基金管理模式，被認為是成功典範，也是截至目前運作最順利的機制。」因此，許多國家、業者紛紛慕名而來，希望汲取台灣的經驗和模式，綠電再生也毫不藏私，大方開放外界參觀、學習和取材，並分享長年累積的經驗，展現台灣在廢家電及資訊產品回收、處理、再利用的水準與技術。

而公司開放各界取經的做法，綠電再生總經理隋學光坦言：「以前我不太理解，公司辛辛苦苦付費到國外去學習，好不容易建立的技術設備、運營系統，竟然大方對外無私分享。」

後來，台灣資源回收再利用產業揚名國際，隋學光感受到產業共生共好的永續未來，也開始理解公司的做法、佩服領導者的遠見，他說：「我們被喻為專業的廢電子電器物品資源化處理工廠，本就應該發揮領頭羊的效益。」

隨著中國大陸經濟起飛，環保壓力愈來愈大。2005年，位於山東的業者力邀綠電再生前往投資合作、經驗交流。綠電再生甚至以整廠輸出模式，在山東建立第一個廢家電回收處理廠。

有了這次的成功經驗，綠電再生也邀請中國大陸官方包括環保、財政和經濟等部門共同組團來台參訪，將經驗拓展到大陸其他地區。

中國參訪團成員離開前對洪敏昌說：「我們努力籌備八年，但一直苦思不到解方，這次參訪讓我們對廢家電回收再利用有了全新概念，台灣的基金管理模式也很值得效仿。」

往後幾年，綠電再生陸續整廠輸出七個成功案例到中國大陸。洪敏昌說：「如今，中國大陸在廢家電處理領域已具世界級規模，台灣經驗在其中發揮重要的推進動能，我們與有榮焉。」

做為亞洲第一家廢家電資源化處理工廠，綠電再生主要是與德國公司技術合作，引進設備並研發改良，2000年1月正式運轉，陸續締造許多亮眼成績。看準桃園各項產業發展優勢，楊梅廠區除了空間之外，也逐步擴大布局亞太地區，鎖定東南亞市場發展。

廢棄物資源化，創造新價值

以桃園做為起家厝的綠電再生立下「立足台灣、布局國際，再創環保產業營收的新高點」的經營目標，公司內部除了提升廢電子電器物品資源化處理的產能之外，也規劃國際事業板塊，增加能見度。

2017年12月，楊梅二廠正式投入營運，注入新的產能及動能。如今，綠電再生除了回收廢家電及資訊產品、將有害物質妥善處理之外，也能回收其中有價值的資源，進行再利用處理，資

1. 因為重視精進回收處理技術，綠電再生內部必須經常舉辦教育訓練活動（圖／綠電再生提供）。
2. 綠電再生的成功經營模式與循環經濟理念，吸引許多大學生前來參訪（圖／綠電再生提供）。

綠電再生經營理念

廢家電回收幫助資源循環，點「汙」成金。

源再利用率平均可達八成以上。

處理後的資源物質包括：銅、鐵、鋁、玻璃、塑膠等，分別進入金屬熔煉廠、玻璃廠及其他相關工廠，以便再利用。譬如：將塑膠回用添加到原製程，可做為全新家電零組件，真正體現「綠色供應鏈」的概念；另外，由於塑膠具備容易成型及不易變形的特性，可將二次塑膠料做成塑木，提供公園人行步道、涼亭或欄杆使用。

此外，家電中的冷媒也可以純化處理後再利用。至於螢光粉等有害物質及其他無法再利用的廢棄物，則交由合格的機構進行處理。

不僅如此，綠電再生也與產、學、研業者及3C資訊廠維持良好合作關係，尋求先進技術與了解最新產業趨勢。譬如為了處理廢資訊產品，與工研院合作，進行廢液晶面板之液晶萃取代工試做，透過技術處理後，朝向再使用方向努力。

同時也與工研院合作研發廢泡棉燃料化增值技術，將冰箱隔熱泡棉（PUR）製成燃料棒，在添加適當無害化配方後，做為優質熱源的提供者。未來，綠電再生將自許成為動靜脈產業的連結者，朝向循環經濟的落實執行而努力。

掌握時代需求，邁向循環經濟

為因應時代變化和需求，近年來，綠電再生跨足3C產品的回收處理，包括主機、監視器、液晶螢幕、鍵盤、印表機、筆記型電腦等，深耕資源回收處理領域，成功打響公司名號。

而綠電再生也不斷精益求精、提升技術，譬如回收處理全程採取物理乾式，可減少大量水資源的使用；專業級家電回收技術，以及促進循環經濟再進化的理念，更是企業典範。因此，綠電再生已經通過環境管理系統及安全衛生管理系統ISO 14001、OHSAS 18001及ISO 45001國際標準認證。

為了永續經營，綠電再生2012年6月掛牌興櫃，2018年3月正式上櫃，經營策略也從資源回收再利用領域，逐漸拓展到系統規劃、設備販賣、營運管理代操作、衍生物販賣等領域，朝向循環經濟的目標邁進。

洪敏昌說：「從成立至今，綠電再生總共回收處理超過1,950萬台廢家電與資訊產品，分選出18.4萬公噸的鐵、1.8萬公噸的銅與0.77萬公噸的鋁，進入循環經濟的迴圈裡再利用。」這對於缺乏天然礦產資源的台灣來說，不但減少廢棄物品汙染環境的機會，還把垃圾變黃金，轉換成可再循環利用的珍貴資源。他更驕傲地細數：「這些回收後的物資，可以興建25座艾菲爾鐵塔，製作47億枚一元硬幣與5.5億罐易開罐。」

目前，綠電再生在台灣廢家電與廢資訊產品的年總處理量合計約140萬台，市場占有率約25%；展望未來，綠電再生除了積極拓展中國大陸市場，更將擴大亞太地區的布局，為環境保護持續貢獻心力。

o—— 堅持理念，雜牌軍蛻變成金牌冠軍

雖然綠電再生是由不同家電品牌的業者共組，但眾人出錢、出力、出人、出創意，二十多年來已經培養出深厚情感，洪敏昌說：「公司內沒有派系之爭，都是為了理想和熱情全心投入，雖

然一開始像是雜牌軍，但有著共同理念並堅持走下去，才能從雜牌軍蛻變成金牌冠軍。」

「我們有一個夢想，就是為地球環保盡一份心力，在營利之餘，也善盡企業社會責任，取之於社會、用之於社會，不是用嘴巴說說，而是身體力行，」洪敏昌說。

正因有如此信念，綠電再生未來將持續以核心技術為基礎，推動創新研發，協助台灣家電業和資訊電子產業朝資源再生、回收零廢棄的目標邁進，秉持「資源循環、城市礦產、永續利用」的經營理念，為守護地球做最好的示範。

綠電再生小檔案

*

成立日期：1998年8月5日
資 本 額：3.8億元
員工人數：120人
營運項目：廢家電及資訊商品回收，資源化技術處理。環保設備代理銷售，主要從事廢電子電器物品及廢資訊物品回收處理，並將可資源回收再利用的有價材出售給下游業者
獲獎紀錄：第28屆國家磐石獎、2019年桃園市金牌企業卓越獎、第1屆台灣循環經濟獎產品銀獎、2017年環保署回收處理業輔導評鑑績優廠商

第十六堂課：學尊重

歐萊德

以大自然為師　邁向永續

文／朱乙真　攝影／黃鼎翔

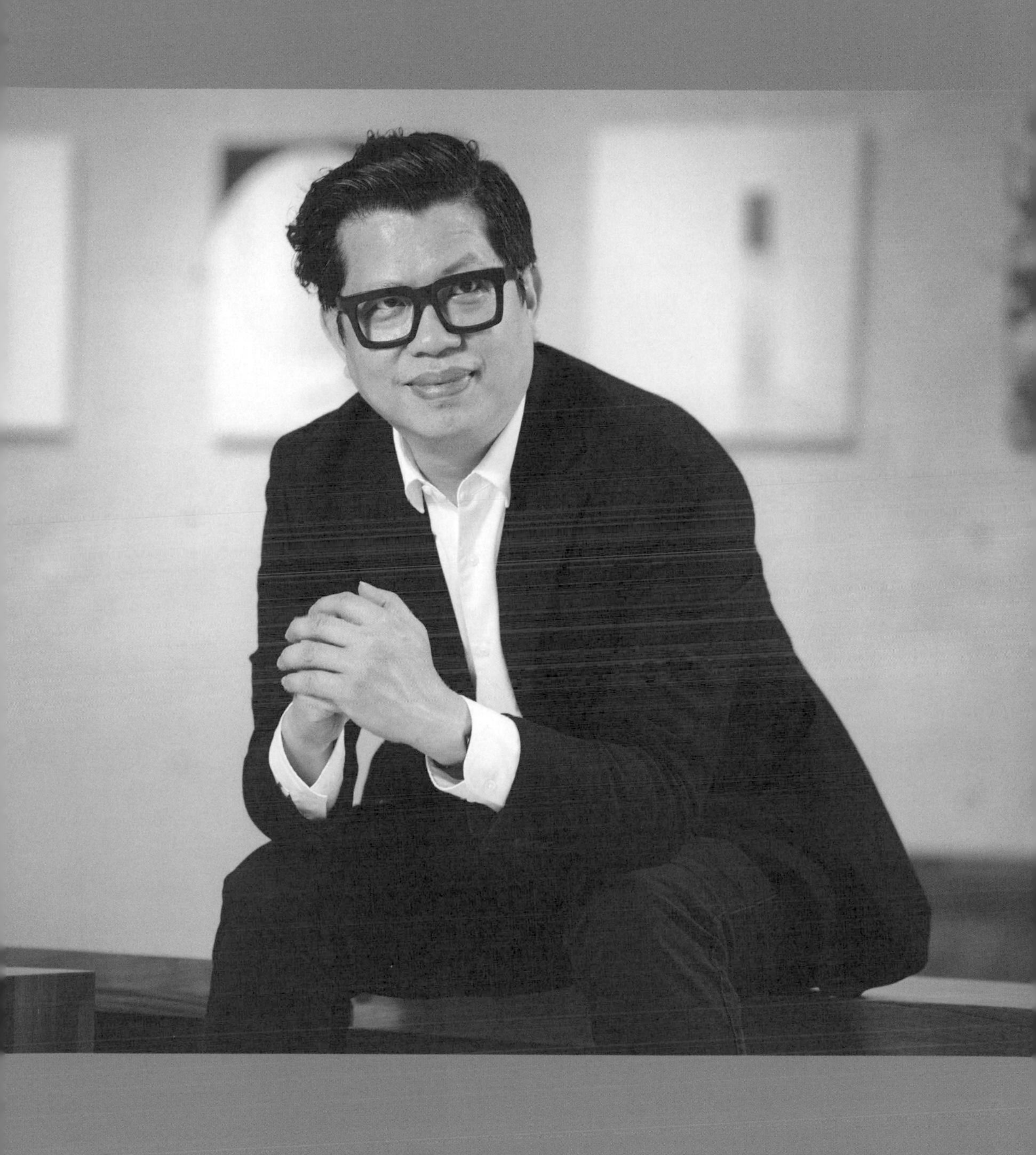

MIT髮妝品牌歐萊德O'right，
近年以「全球最綠洗髮精」之姿席捲國際，
連參加威尼斯影展的影星，都拿歐萊德洗髮精拍照打卡。
這段零碳綠色美妝之路，創辦人葛望平已經走了近三十年，
至今他仍認為，歐萊德不只是一間髮膚保養品公司，
而是一個對人類、對社會、對地球都好的品牌。

2019年底，聯合國氣候變遷會議COP25在西班牙馬德里舉行，主題為BlueCOP，來自兩百多個國家、超過兩萬五千位代表出席，討論如何保護氣候變遷下的海洋。

瑞典環保少女桑柏格（Greta Thunberg）在會中表示，如果未來數年全球仍持續高碳排放量，即使2050年達到零碳排也於事無補。她呼籲全球政府和企業負起「大人的責任」，將全球暖化的升溫限制在攝氏1.5度以下。

台灣雖然不是聯合國成員，卻沒有缺席這場會議。MIT髮妝品牌歐萊德（O'right）創辦人暨董事長葛望平應邀發表演說，呼應桑柏格的理念，提出台灣的聲音：「企業是碳排放的主要來源，更應該要有減碳甚至零碳的經營意識。」

葛望平接著說：「我們只有一個地球，我們只有Plan A，沒有Plan B。在座各位的碳排放政策在哪裡？歐萊德雖然不像政府、大企業這麼有錢，但我們盡力做到碳中和，而且還獲利。如果我們可以做到，還有誰能說自己做不到？」

他更倡議疾呼：「每個國家、企業、產品，都要做到和自然生態平衡的零碳。零碳才是未來，全世界品牌都應該變綠，這是遲早的事。」

葛望平演講結束，全場起立鼓掌，一位德國智庫代表問：「這家公司是誰找來的？怎麼有這樣的公司？」當時站在台上的葛望平心想：「糟糕，我哪裡出問題了？」沒想到這位智庫代表接著說：「這間公司正在做的事情，不就是COP25花了十天討論不出來的結論嗎？」

自小工讀貼補家用，創業原為脫貧賺大錢

這場演講的經驗，為葛望平的綠色堅持帶來更大信心。回首創業之路，問他可曾想過做洗髮精做到獲邀在聯合國演講？他大笑：「根本不可能啊，我的英文超爛的。哈哈哈！」

葛望平的笑聲辨識度非常高，渲染力十足，如同他的外表般吸睛，圓圓臉上戴著黑色粗框眼鏡，深色西裝剪裁合身，腳上的黑色皮鞋和鞋面金色釦環，也都擦得亮晃晃。

曾有媒體形容葛望平，有如「偶像劇裡走出來的富二代男主角」，時尚又有品味，但其實他不是富二代，年輕時的創業動機也只是為了脫貧賺大錢。

葛望平的父親是被稱為「大陳義胞」（1955年從中國浙江沿岸撤退來台）的退伍軍人，來台後被安置到高雄鳳山，四十歲成家生子。葛望平分享，自有記憶開始，家裡的經濟就不寬裕，小學三年級便開始半工半讀補貼家用，織漁網、發傳單、繡鞋子等各種零工，小小年紀的他全都做過，甚至還會準備「抽牌仔」到學校當頭家，賺同學的錢。

後來全家搬到台北，葛望平選擇就讀松山工農機械科夜間

1. 優先選用天然植萃活性原料取代化學品，製作對環境及身體都有益的產品。
2. 賦予農產廢棄物新價值，歐萊德以瓶中樹實踐生物循環，驚豔國際美妝產業。

部，原以為有CNC雕刻機的科系是高科技領域，沒想到開學第一天到實習工廠卻發現，高一、高二都得在工廠磨鐵做黑手，「每天弄得髒兮兮的，我心都涼了！」當下就決定，畢業後要找一個乾淨、漂亮又美麗的行業。

洗頭小弟當不成，轉而銷售美髮產品

葛望平抱著夢想尋覓，直到有次聽到一位美國紐約理髮師演講，說他每天服務的對象有《紐約時報》記者、政治評論員、華爾街股票分析師、學校老師、地鐵工人……，每個人都有他的故事和智慧，只有理髮師能在工作中學習到這些精采豐富的人生經驗。「還有什麼行業比這個更好呢？」葛望平深深被打動，退伍後就到美髮院應徵，目標是成為一位出色的髮型設計師。

在美髮院的工作從助理開始，第一個要學的是洗頭，每天洗十幾顆頭很正常。葛望平本來以為可以開始「學習各種人生智慧」的職場生活，沒想到卻常洗到客人滿臉都是泡泡，撐了半年，他確認自己不是洗頭的料，更別說成為設計師了。

夢想破滅，葛望平大受打擊。懊惱之餘，端詳鏡子裡的自己，看著從小到大就不滿意的臉，嘴唇太厚、嘴巴太大……，他突然靈光一現：「天生我唇必有用，說不定我可以靠嘴吃飯！」一轉念，葛望平投入美髮產品銷售，從1992年開始正式進入髮妝產業，至今已近三十年。

因雙親過世，引發綠色改造歐萊德理念

2002年，葛望平和三個朋友各出資一百萬元創立「歐萊德」，代理澳洲美髮品牌。沒想到公司起步一個月，七十九歲的父親就因腎臟病過世，半年後，五十九歲的母親又因為肺癌離開。一年之內失去雙親，讓葛望平傷心失落而罹患憂鬱症。

那陣子他進出醫院身心科、吃抗憂鬱藥物，身體出現各種副作用，心理和情緒卻依然沒有起色。醫生嚴肅地告訴他：「一直靠藥物對抗憂鬱症是沒有終點的，要找一個奮鬥目標，做為情緒的出口。」

意志消沉的葛望平猛然被敲醒，想起當初創業的一百萬是老爸存的棺材本。當年父親交給他時說：「等你將來創業成功時，如果爸爸、媽媽不在了，你已經沒有父母可以孝順，就把這份孝心回饋給社會、國家。」

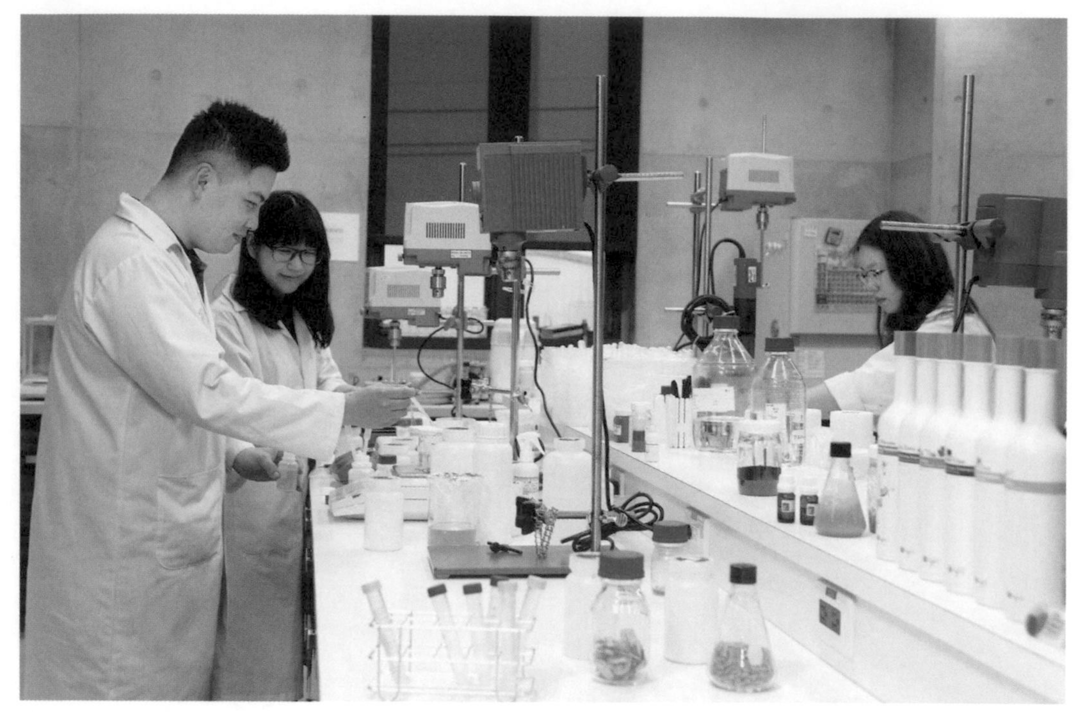

總部內設有國際ISO 17025、國際五項TAF雙認證「生物安全第二等級實驗室」（P2級實驗室），降低產品對人體與環境風險，替消費者的健康把關。

於是，葛望平重新省思人生及工作的意義，發現父母的病痛，甚至自己從小深受其擾的過敏、氣喘體質，都和化學物質、環境荷爾蒙脫不了關係，而自己賣洗髮精，最清楚裡面有多少化學物質。他知道洗髮精製成時原是水狀，為了賣相好，必須添加環氧乙烷衍生物（EO）增加稠度；為了讓香味持久，又添加塑化劑做留香劑；為了避免細菌汙染，還會添加防腐劑。

葛望平從此有了新目標，他許願：「我可不可以做一種洗髮精，不但對自己健康，放大來看，也對環境更健康？」他更堅信，這就是爸爸要他回報社會和國家的方式，於是他決定從洗頭開始，幫地球一個忙。

2006年，歐萊德進行綠色改造，將品牌定位為「自然、純淨、環保」的綠色髮妝，把O'right企業標誌裡的O換成青翠的綠色，象徵理想中美麗的地球。

葛望平表示，改造後的歐萊德堅守萬物皆可用的信念，秉持師法自然的使命，把地球綠化、永續創新當成核心價值，「我們做的每一件事，都從這裡出發。」

然而，把愛地球變成一門生意，談何容易？但葛望平堅持研發有機產品、使用可生物分解的塑膠瓶，成本提高二十倍，引來股東質疑甚至撤資，更讓他一度發不出薪水，包括自己和留下來的股東，都曾抵押房產、拿出全部積蓄發薪水。

如今回頭看這段艱辛的創業路，葛望平坦言：「一開始綠色衝太快，有點失算，」但他堅信：「我們只是太早做，而不是做錯了。」

「歐萊德要做對的事，做一個好企業比做一個大企業更重要。」葛望平最常掛在嘴邊的就是這句話，他將綠色永續概念貫穿產品每個細節，包括產品內容、綠色製程、綠色包裝，從裡到外貫徹環保理念。

不放過小細節，落實循環經濟

2008年，轉型後的歐萊德交出第一張成績單——O'right 8 Free，去除了洗髮精中其實無需存在且對人體和自然環境有害、有疑慮的八種化學物質，包括環氧乙烷衍生物、化學染色劑、塑化劑、環境荷爾蒙、對羥基苯甲酸酯類防腐劑、甲醛、化學增稠劑、硫酸鹽類界面活性劑等，這套嚴謹的8 Free，也就是所謂的「歐萊德標準」，後來成為全球美妝產業的新標準與環保象徵，為重新出發的歐萊德站穩第一步。

歐萊德也在綠色包材上實踐循環經濟，從瓶身、說明書到外盒包裝，都使用可回收分解的材質；包裝上的文字以大豆環保油墨印刷，使用孟宗竹做瓶蓋，簡約時尚設計兼具環保效益，也讓歐萊德成為國際設計大獎的常勝軍。

接下來，標榜全世界第一瓶會長出樹木的「Tree in the bottle（瓶中樹）洗髮精」，更讓歐萊德一炮而紅。

葛望平介紹：「洗髮精瓶身是利用咖啡渣、玉米澱粉及廢棄蔬果混合而成的PLA材質，瓶子裡還有一個種子槽，放入台灣原生種相思豆或咖啡種子，使用後的PLA材質空瓶埋入土中，在適當條件下，一年內會完全自然分解為二氧化碳和水，回歸自然環境，滋養種子生長。順利的話，一個瓶子可以長出三棵樹。」

這個「瓶中樹」概念顛覆以往的設計邏輯，如同打造自體生物循環，隨即拿下美國匹茲堡、瑞士日內瓦、德國紐倫堡等世界三大發明獎的金牌獎。「之前曾到國外發表這項產品，有一位德國記者不相信，跟我們要了一罐洗髮精回去種，後來在臉書分享柏林家後院長出咖啡樹的照片。」葛望平驕傲地說。

光有好品質和設計還不夠，葛望平更積極行銷。為了進入髮妝產品大本營的歐美市場，歐萊德積極參加國外髮妝展覽，增加能見度，同時參加各種競賽及取得產品認證，為歐萊德產品品質背書，讓品牌較容易打入歐洲市場。

葛望平舉例說，2011年歐萊德打算開發荷蘭市場，荷蘭代理商看到產品價目表大吃一驚：「400cc的台灣洗髮精要賣三十歐元（當時約合新台幣一千兩百元）？這只比萊雅（L'Oreal）便宜10%，你確定？」

「但我請對方去比較一下歐萊德和萊雅的環保認證，他們馬上就被說服了，」葛望平說，到2020年春天，歐萊德已經插旗歐、美四十多個國家，在法規嚴格、綠色消費意識成熟的歐州市場更是熱賣，進入義大利、比利時、斯洛維尼亞等國，甚至白俄羅斯，已經成為最受歡迎的洗髮精品牌。

2015年義大利威尼斯影展，主辦單位把歐萊德瓶中樹洗髮精放進明星伴手禮物包，許多明星愛不釋手，更拿著瓶中樹拍照上傳Facebook、IG等社群媒體。

2018年歐萊德又前進崇尚奢華的中東市場，在沙烏地阿拉伯開設海外第一間綠沙龍體驗店；2020年初則進軍被視為美妝聖地的日本東京。

歐萊德只做對的事

近年來，葛望平經常應邀到世界各地演講、領獎，遇過無數髮型設計師告訴他，原本雙手因為長期接觸髮妝產品的龜裂、過敏、長繭等問題，都在改用歐萊德後大幅改善，讓葛望平很有成就感。

一次在波蘭的記者會，一位罹癌接受化療的小女孩親自到場向他說謝謝，因為歐萊德洗髮精讓她又長出健康的頭髮；孩子天真、滿足的笑容，讓他更堅信自己正在做一件對的事。

面向國際之餘，葛望平也不忘關心台灣。2015年發生八仙塵爆事件，葛望平將生產線停工三天，全力投入研發，生產無香

歐萊德經營理念

秉持「師法自然，珍愛大地萬物」品牌使命，堅持只要是對的就做到最好，讓我們、與我們下一代的明日一起，更美更好。

料、無色素，成分單純、低敏感、低刺激，適合燒燙傷患者使用的洗髮精和沐浴用品，並由業務送到全台每一家收治塵爆傷患的醫院。即使事隔五年，葛望平說：「現在仍會收到當年傷患寫信來謝謝歐萊德，幫助他們可以重回正常生活。」

2002年到2020年，歐萊德從原本找不到方向的四人小公司，成為擁有兩百八十多位員工的全球綠色髮妝領導品牌，葛望平始終沒有離開桃園。2012年，歐萊德在龍潭半山腰的企業總部完工，是亞洲第一座綠建築GMP化妝品廠房。

開放綠建築總部，分享環保理念

廠房一樓是工廠、二樓是辦公室、三樓則在2019年綠建築總部升級後成為Re辦公室，整棟建築物以清水模建造，利用太陽能和風力發電，用回收水做成景觀瀑布牆，因為配合自然環境設計，空間和大自然良好互動，夏天室內溫度能比室外低六度，一年有三百多天不用開冷氣，被建築界喻為「會呼吸的房子」。

建築外觀也沒有圍牆，而是圍繞著高聳大樹、寬闊草坪，最特別的是門口生態池有六百多隻青蛙。「因為這些青蛙比我們早到這裡啊！嚴格來說，這裡是牠們的地盤。」所以葛望平當初對總部建築的要求就是要保留生物棲地，讓建築貼近自然生命。

為了發揮影響力，讓環保變成「大家的事」，歐萊德開放各界參訪綠建築總部，每年超過九百家企業參訪，包括星巴克、3M、TOYOYA、台達電等大企業，就連經濟部國貿局、斯洛伐克國會議員也曾到訪。前交通部部長葉匡時任內，有一次還將交通部的會議搬到歐萊德開。

葛望平笑著說，那時丈二金剛摸不著頭腦的氣象局局長問部長：「您到做洗髮精的歐萊德開交通部會議，有什麼特別用意嗎？」

葉匡時回答：「交通部改建的車站、地方文化館，設計出來總是八股、沒有變化，工程預算一坪卻要十幾萬，還被說美感零分，有些甚至變成蚊子館。我把大家拉到歐萊德，就是要看看民間怎麼樣透過想法和設計，用高CP值的價格蓋成綠色總部，還拿到建築獎。」

歐萊德綠建築總部獲得桃園市政府肯定，代表桃園市角逐2017年「全球七大智慧城市」拿下首獎，獲邀到紐約分享歐萊德綠色永續創新的企業經營理念；2019年，歐萊德在桃園市金牌企業卓越獎也拿下「愛地球」獎項。

原動力＋熱情，把拯救地球視為己任

從洗髮精到綠建築，歐萊德永遠嘗試各種不可能的任務。持續做一件事長達三十年，葛望平認為：原動力、熱情是兩把鑰匙，意志啟發成功，熱情持續永恆，就能面對有如海浪般不斷打來的挫折、挑戰和競爭。

葛望平還透露自己的原動力，是兩個從小持續和他在夢中對話的外星朋友，最後外星朋友離開地球，臨別時將拯救地球的任務交給他，那年正好是2006年──歐萊德的綠色改造年。

展望未來，葛望平不想一直賣洗髮精，一支花了三年時間研發的牙膏，成為跨足生活用品領域的處女作。

「現在的牙膏，還停留在五〇年代戰爭時期的配方，加了這麼多殺菌劑，但現在是不是還需要？」葛望平說，歐萊德的牙膏，排除可能致癌的防腐劑三氯沙（Triclosan），還有香精、甜味劑等等，「我一直不懂，為什麼兒童牙膏需要加進這麼多色素、甜味劑？」他希望再次帶動全球改造運動，讓牙膏也有「歐萊德標準」。

葛望平認為：「環保是一種選擇，唯有尊重大自然才能讓環境永續。」 從Green Hair & Skin Care啟程，歐萊德正在航向Green Lifestyle的全新旅程，希望提供全世界一個全程綠化的永續生活方案；也要用零碳綠循環，讓地球綻放由內而外的美麗，用零碳精神，致力達到生態平衡的永續發展。

歐萊德（O'right）小檔案

*

成立日期：2002年
資 本 額：2.35億元
員工人數：285人
營運項目：綠色髮膚潔淨保養美妝、綠色生活養護品
獲獎紀錄：2013年德國紅點Red Dot設計發明大獎Best of the Best、2014年《遠見》雜誌CSR企業社會責任獎、2015年瑞士日內瓦國際發明獎Geneva Inventions金牌獎、2018年德國iENA紐倫堡發明獎金牌、2018～2019年連續兩年獲得英國全球綠色環保獎Green World Awards、2017～2019年連續三年獲得法國全球永續美妝獎冠軍

桃園市
金牌企業
卓越獎
智多星

第十七堂課：學貫徹

台積電先進封測三廠

推行綠色管理　內化為企業DNA

文／陳玉鳳　圖／台積電提供

身為全球最大的積體電路製造服務提供者，
台積電期許自身成為世界級環境保護與能資源節約的標竿企業。
為達到此一目標，將綠色管理融入經營策略，就氣候變遷、
能源管理、水管理、廢棄物管理及空氣汙染防制等面向，
持續執行改善行動，
而先進封測三廠就是台積電打造「綠色工廠」的最佳範例。

「我們相信，無論是科技進步還是企業成長，都必須在社會與環境永續的前提下才有意義。」台積電先進封測三廠廠長劉國洲，為環保理念下了注腳。

身為全球最大的專業積體電路製造服務提供者，台積電以嶄新的商業模式，加速積體電路設計及產品應用的持續創新，使得積體電路無所不在。

走過三十三年，台積電對於全球半導體及科技產業發展，已做出重要貢獻，人們的生活、工作與娛樂方式，因為科技的進展而有了劃時代的改變。在台積電與客戶攜手推動科技的巨輪向前邁進的同時，他們從未停止對環保的追求，也始終以具體行動落實愛地球的企業公民責任。

追求卓越，環保亦然

對於台積電來說，「要做，就要做到世界一流。」這種追求卓越的精神，也落實在環境保護議題。公司的環保政策清楚明確，那就是要成為世界級環境保護與能源及資源節約的標竿企業。

劉國洲表示：「為了達到這個目標，我們針對氣候變遷、能源管理、水管理、廢棄物管理及空氣汙染防制等各面向，持續改善。」譬如：打造教育綠園區、生態綠園區及生活綠園區，透過各種活動深化員工們對環境保護的認知和責任，更號召同仁擔任節能志工及生態志工；此外，也會對外分享環保知識與經驗，透過與商業夥伴、產官學界及全體社會的合作，一起因應人類所面臨的環境難題。

綠色廠房，解決廢液回收難題

綠色廠房的建置，更體現出台積電對於環保的用心之深。座落於桃園龍潭的先進封測三廠，就是實現循環經濟的綠色佳作。劉國洲說：「我們以實際行動響應循環經濟，透過開發及引進資源再生技術，將製程中所產出的廢棄資源活化轉製成產品。」於2018年建置的廠內銅廢液資源化系統，便是重要範例之一。

在半導體製造過程中，含銅製程為必經程序，然而過程中產生的大量含銅廢液，讓業者十分困擾。先進封測三廠採用突破性設計，破解了這個難題。

這套銅廢液資源化系統，是在廠內使用電解還原設備處理含銅廢液，並產出高純度銅管。好處是可以有效將廢棄物資源化，達成廢棄減量的目的，同時能節省清運費用。

不過，在設計系統的過程中，並非一帆風順。「我們想使用電解還原設備處理含銅廢液，然而先進封裝製程的蝕刻廢液銅濃度過低且含有雙氧水，無法順利導入系統，」劉國洲也提到挑戰及克服：「透過反覆分析測試驗證，花費不少心力，才利用酸鹼

1. 台積電先進封測三廠舉辦淨灘及育兒院活動，邀請社會大眾一起用行動愛地球，善盡企業社會責任。
2. 台積電先進封測三廠工廠實景。

調和及酵素催化方法，成功找到去除雙氧水干擾的問題，順利導入銅廢液資源化系統，取代原先的委外清運處理流程。」至於銅濃度過低的問題，則採用螯合樹脂提濃等系統前處理解決。

這套被暱稱為「液中求銅」的銅廢液資源化系統，是由台積電首創，為半導體業者重視環保的行動，做了最佳示範。

開創新法，落實循環經濟

建置此套系統後，2019年，先進封測三廠已實現含銅廢液「零」清運的目標，總計全年度約處理7,000公噸含銅廢液，產製出13公噸銅管，達成含銅廢液零外運、有害汙泥零產出的目標，實現貨真價實的「循環經濟」。

不負「綠色廠房」的美名，先進封測三廠對於環保有著許多開創性的貢獻，其中，成功開發「框架自動化清洗機台」（Frame Auto Cleaner）亦是全球首創。

過去，工廠進行框架清洗作業時，必須以人工去除標籤，過程中使用大量化學藥品，十分不環保。因此，先進封測三廠開發「框架自動化清洗機台」，以純水清洗替代化學藥品，不但每年省下14.6公噸化學藥品，還以自動化方式取代人工作業，有效提升產能及良率。

「人」是核心，內化環保價值觀

開發及導入有效減廢的機器設備和運作流程，是先進封測三廠持續追求的目標，在過程中，「人」是重要核心，劉國洲強調：「唯有提升全廠環保意識，讓觀念深植於同仁日常生活中，並轉換『環保意識』為『環保行動力』，才能不斷且積極地找出解決環保問題的方法。」

於是，先進封測三廠全廠區餐廳、商店及超商皆不主動提供一次性塑膠吸管，並於櫃位不定期舉辦購買飲品時使用自備環保杯等集點、好禮抽獎活動，藉以鼓勵同仁們一起做環保。

此外，餐廳也推行在地低碳蔬食、新良食運動，以及設置「拿多少吃多少」的自助餐道，藉以減低廚餘量。先進封測三廠平時更透過各項活動，如張貼文宣、海報、舉辦講座及有獎徵答等，讓員工時時接觸環保觀念，進而內化為自身價值觀。

劉國洲說：「綠色創新是每位員工的責任，為了激勵同仁從日常業務中持續發現節能機會並付諸行動，我們會舉辦跨組織的

台積電經營理念

將環保觀念深植於同仁的日常生活中，
轉換「環保意識」為「環保行動力」。——

節能點子競賽。」譬如2018年所舉辦的「機台節能競賽」，鼓勵同仁集思廣益，帶動跨部門觀摩學習，找出更多創新且可行的節能方案。

先進封測三廠的「愛地球」思維，也見於環境綠意中。廠區內部設有環廠綠帶，營造出工業與大自然共生的環境，善盡生態保育責任。園區內部有一種被國際貿易公約列為二級保護植物的台灣稀有原生種蘭——綬草，其花序如同紅龍般盤繞在花莖上，彷彿「紅龍盤柱」之美，是瀕危野生動植物物種之一。

對內力行環保，對外也積極參與愛地球活動，自2017年起，連續三年參與桃園市環保局舉辦淨灘活動，用實際行動愛護環境，劉國洲說：「同仁們參與非常踴躍，活動當天也帶著家人一同淨灘，眾志成城，可以做得又快又好。」

○—— 擴大力量，協助供應鏈落實節能減碳

實現綠色環保理念，僅靠單一公司的力量十分有限，台積電積極號召供應鏈廠商加入節能減碳行列，以擴大半導體供應鏈整體綠色效益。

譬如，2018年，先進封測三廠榮獲新竹科學園區節水績優廠商，特別舉辦節水觀摩活動，向（新竹、龍潭、銅鑼）等園區廠商分享廠內節水技術及促進愛護水資源之具體行動。

為擴大半導體供應鏈整體綠色效益，台積電於2019年舉辦「環保安全衛生實務經驗分享會」，以節能減碳為題，除經驗分享與輔導協助，更進一步要求供應商設定年度節能減碳目標，共有十二家供應商響應台積電節約能源的號召，全年共省下逾9,700

銅管取出作業。

萬度電。

2020年的分享會中，台積電則特別表彰節能減碳成果優異廠商，邀請他們分享減碳措施，藉此鼓勵更多供應商加入綠色行動，攜手達成2030年累積減省15億度用電量的永續目標。

未來，台積電也將持續舉辦實務經驗分享會，透過供應商生產線現場評鑑、輔導、追蹤改善進度等具體行動，協助上下游供應商提升環保績效、降低火災風險、建立安全健康的工作環境。

2019年11月起，台積電進一步著手建置「Supply Chain 360」系統，透過強大的數位平台，統整公司內部與供應商的溝通管道，落實廠商永續績效的分析與追蹤管理，持續打造永續的半導體產業鏈，此系統預計於2020年上線。

台積電也將持續落實供應商生產線現場評鑑、輔導，並追蹤改善進度，以提升半導體供應鏈整體環保效益、打造安全工作環境、降低極端氣候造成的財物損失與營運中斷風險，為保護地球環境盡一份心力。

未來，先進封測三廠將持續推動低碳製造，採用最佳技術減少溫室氣體排放；持續購買再生能源，增加使用量；並規劃年度新增節能措施，積極落實節能行動，提高能源使用效率。希望能透過這些措施，達成能源節用九百萬度，累計三千萬度的年度目標。

除了省電，台積電也落實日常節水與缺水調適措施，整合公司內部與外部資源，發展再生水技術，落實製程節水與再生水利用。

身為全球半導體產業龍頭大廠，台積電的一舉一動可說是動見觀瞻，影響力無遠弗屆，對於「愛地球」社會責任的重視及實踐，更有強大的帶頭作用。因此，劉國洲鼓勵同仁向外推展影響力：「運用台積電在環保的專業知識與資源，分享給其他企業和學校，協助它們落實節能減碳。」營造綠色力量，台積電邀請大家一起來，為愛護地球及打造永續社會共同努力。

台積電先進封測三廠小檔案

*

成立日期：2015年2月13日
工廠特色：自動化封裝測試工廠
製程技術：晶圓級整合型扇出封裝技術
營運項目：行動裝置處理器、無線通訊晶片等
員工人數：1,400人
獲獎紀錄：2016～2018年連續三年榮獲行政院環保署、桃園市環保局頒發之「綠色採購表揚獎項」、2018年榮獲新竹科學園區節水績優廠商

BCB707 財經企管

關鍵影響力
金牌企業成功學

作　　者 — 朱乙真、沈勤譽、陳玉鳳、黃筱珮、廖靜清
企劃出版部總編輯 — 李桂芬
主　　編 — 羅德禎
文字編輯 — 邵冰如（特約）
責任編輯 — 李美貞（特約）
美術指導 — 張議文
美術設計 — 何仙玲（特約）

出 版 者 — 遠見天下文化出版股份有限公司
創 辦 人 — 高希均、王力行
遠見．天下文化．事業群　董事長 — 高希均
事業群發行人／CEO／總編輯 — 王力行
天下文化社長 — 林天來
天下文化總經理 — 林芳燕
國際事務開發部兼版權中心總監 — 潘欣
法律顧問 — 理律法律事務所陳長文律師
著作權顧問 — 魏啟翔律師
地　　址 — 台北市104松江路93巷1號2樓
讀者服務專線 —（02）2662-0012
傳　　真 —（02）2662-0007；2662-0009
電子郵件信箱 — cwpc@cwgv.com.tw
郵政劃撥 — 1326703-6號　遠見天下文化出版股份有限公司
出版登記 — 局版台業字第2517號

製版廠 — 中原造像股份有限公司
印刷廠 — 中原造像股份有限公司
裝訂廠 — 中原造像股份有限公司
總經銷 — 大和書報圖書股份有限公司 電話／ (02)8990-2588
出版日期 — 2020年7月10日初版一刷

定價 — 450元
ISBN — 978-986-5535-32-2
書號 — BCB707
天下文化官網 — bookzone.cwgv.com.tw

國家圖書館出版品預行編目(CIP)資料

關鍵影響力 : 金牌企業成功學 / 朱乙真等著 --
初版. -- 臺北市 : 遠見天下文化, 2020.07
面；　公分
ISBN 978-986-5535-32-2(平裝)
1.企業經營 2.企業再造
494　　　　109009335